RUDOLF ENGMANN

*Berechnen und Projektieren
von Ortsnetzen, Niederspannungsleitungen
und Straßenbeleuchtungen*

RUDOLF ENGMANN

Berechnen und Projektieren

von Ortsnetzen, Niederspannungsleitungen

und Straßenbeleuchtungen

Mit 41 Abbildungen

FRIEDR. VIEWEG & SOHN · BRAUNSCHWEIG

1959

ISBN 978-3-663-04073-6   ISBN 978-3-663-05519-8 (eBook)
DOI 10.1007/978-3-663-05519-8

von Friedr. Vieweg & Sohn, Verlag, Braunschweig
Softcover reprint of the hardcover 1st edition 1959

Vorwort

Im Leitungsbau und dem eng damit verbundenem Bau von Straßenbeleuchtungsanlagen muß eine Projektierung Hand in Hand mit der Berechnung gehen, um die Grundlagen für die Anordnung und Auswahl der Bauelemente zu schaffen.

Leitungen und Straßenbeleuchtungen kann man aber nur projektieren und berechnen, wenn man neben dem elektrotechnischen Fachwissen auch noch eingehende Materialkenntnisse und Kenntnisse aus der Statik, Mechanik, Festigkeitslehre und Beleuchtungstechnik besitzt. Da es auf allen diesen Gebieten eine ganze Reihe von Formeln und Tabellen gibt, die man nicht alle im Kopf haben kann, sollte man diese, auch aus Gründen der Zeitersparnis, in nur einem Fachbuch neben sonst noch notwendigen oder wünschenswerten Angaben vorfinden oder nachschlagen können.

Leider konnte aber der Leitungsbauer bisher nicht auf ein derartiges, vielseitiges, den ganzen Leitungs- und Straßenbeleuchtungsbau umfassendes Nachschlagewerk zurückgreifen. Er war deshalb gezwungen, sich alle für die Projektierung und Berechnung notwendigen Unterlagen an den unterschiedlichsten Stellen selbst zusammenzusuchen.

Um die einmal erarbeiteten Unterlagen stets greifbar zu haben und nicht jedesmal von neuem wieder heraussuchen zu müssen, habe ich diese im Laufe meiner langjährigen Tätigkeit im Leitungs- und Straßenbeleuchtungsbau gesammelt und mir daraus für meinen eigenen Handgebrauch ein Nachschlagewerk aufgebaut und dieses durch eigene Erkenntnisse und Tabellen noch erweitert. Aus diesem Grundstock ist dann durch verbindenden und erläuternden Text das vorliegende Buch entstanden, welches bestimmt ist, die oben skizzierte Lücke auszufüllen.

Das Buch erhebt keinen Anspruch darauf, ein wissenschaftliches Werk zu sein, sondern es ist aus der Praxis für die Praxis geschrieben und folgt in seinem Aufbau dem zeitlichen Ablauf einer Projektierung und Berechnung.

Damit vor allem der in die Praxis eintretende Jung-Ingenieur und der weniger geübte Leitungsbauer Nutzen aus dem Buch ziehen können, sind der Arbeitsgang und die Berechnungsmethoden z. T. schulmäßig behandelt und zum besseren Verständnis mit zahlreichen Beispielen belegt. Natürlich ist es nicht möglich alle in einem Netz vorkommenden Varianten durch Beispiele zu erläutern. Die Auswahl ist aber so getroffen, daß fast alle auftretenden Fälle danach behandelt werden können.

Die Projektierung und Berechnung von Straßenbeleuchtungen ist ein ganzes Spezialgebiet für sich. Ich habe daher nur das aufgenommen, was ein Elektroingenieur normalerweise von der Projektierung und Berechnung einer einfachen Straßenbeleuchtung für kleine und mittlere Orte wissen muß. Bei schwierigen Beleuchtungsfragen, z. B. Ausleuchten von Plätzen und großstädtischen Verkehrsknotenpunkten sollten dagegen stets Spezialingenieure der Leuchtenherstellerfirmen herangezogen werden, wenn man nicht selber mit der eigenen Projektierung Schiffbruch erleiden will.

Um die Projektierungsarbeiten noch weiter zu erleichtern, ist dem Buch eine herausnehmbare Blanko-Liste aller üblichen Netzbauteile beigefügt. Aus dieser Blanko-Liste kann sich jeder selbst eine Preisliste anfertigen, wenn er seine Kalkulationspreise mit Bleistift hinter den einzelnen Positionen und die Montagepreise in der dafür vorgesehenen Spalte einträgt. Die bei den Positionen aufgeführten Zahlen verweisen auf die laufenden Nummern des weiterhin beigefügten Bezugsquellennachweises. Alle einschlägigen Firmen hier aufzuführen, war zunächst leider nicht möglich. Die getroffene Auswahl ist daher absolut kein Wertmesser und bedeutet keine Rangordnung. Ich bitte daher Firmen, die nicht aufgeführt sind, aber Wert darauf legen bei einer evtl. Neuauflage des Buches in dem Verzeichnis aufgenommen zu werden, sich dieserhalb mit dem Verlag in Verbindung zu setzen.

Begrüßt wird es sicher auch werden, daß nach jedem Abschnitt für eigene Vermerke und Hinweise Leerseiten eingefügt sind und das Buch durch Randvermerke nicht mehr unansehnlich zu werden braucht.

Etwas über die Ortsnetzbauweise auch in dem Buch mit aufzunehmen habe ich unterlassen, da es hierüber ein ausgezeichnetes Werk von *Wilhelm Peter* „Handbuch für den Ortsnetzbau, der Weg zur einheitlichen Ortsnetzbauweise" gibt, dem ich nichts gleiches entgegenzustellen gehabt hätte.

Ich hoffe, daß das Buch mit seinen Anlagen ein willkommener Helfer beim Entwerfen und Berechnen von Energieverteilungsanlagen werden möge und auch als Nachschlagewerk seinen Zweck erfüllt.

Für Anregungen zu einer weiteren Ausgestaltung des Buches bei einer evtl. Neuauflage bin ich jederzeit dankbar.

Frankfurt am Main, im Oktober 1958

Rudolf Engmann

Inhaltsverzeichnis

Anhang

Herausnehmbare Blankopreisliste und Bezugsquellenverzeichnis

1 Einleitung und Aufgabe

Die Möglichkeit sich jederzeit der elektrischen Energie als nie versagende Quelle für Licht, Kraft und Wärme bedienen zu können, wird heute als eine ganz allgemeine Selbstverständlichkeit betrachtet.

Unser tägliches Leben ist ohne das weitverzweigte Leitungsnetz in Städten und Gemeinden mit seinen feinen und feinsten Verästelungen bis in die Wohn- und Arbeitsräume, Werkstätten, Lagerräume, Straßenbahn, Rundfunk usw. nicht mehr denkbar. Eine einwandfreie und reibungslose Versorgung mit elektrischer Energie stellt daher ganz bestimmte Anforderungen an das Leitungsnetz.

Nach den „Allgemeinen Bedingungen für die Versorgung mit elektrischer Arbeit aus dem Niederspannungsnetz des Elektrizitäts-Versorgungs-Unternehmen" hat das EVU nach Kapitel II, Absatz 3 „dafür zu sorgen, daß dem Abnehmer, solange sein Versorgungsvertrag läuft, dauernd die Möglichkeit gewährt wird, elektrische Arbeit im Umfange seiner Anmeldung zu jeder Tages- und Nachtzeit am Ende des Hausanschlusses zu übernehmen".

Bei Beginn der Elektrifizierung wurde dem Gebiet des Leitungsbaues wenig Beachtung geschenkt, man arbeitete nach Faustregeln und Erfahrungswerten und sprach verächtlich von Strippenziehern. Heute ist der Leitungsbau durch die ständig wachsenden Anforderungen nach einwandfreier und ausreichender Versorgung mit elektrischer Energie zu einem Spezialgebiet mit einer ganzen Fülle von dabei zu lösenden Problemen geworden.

Wie diese Probleme gelöst werden können, soll nun in dem nachfolgenden Beispiel gezeigt werden und zwar wird angenommen, daß eine Gemeinde sich entschlossen hat, ihr veraltetes Netz grundsätzlich zu erneuern und allen Anforderungen anzupassen.

Von Seiten der Gemeinde wurden für die Projektierung als Unterlagen zur Verfügung gestellt:

1. Ein Stadtplan im Maßstab 1:1500 mit den besonders kenntlichgemachten Neubaugebieten mit der Bebauungsgrenze. Die vorhandenen Trafostationen sind eingetragen. Die Industriestationen können, günstige Lage im neuen Netz vorausgesetzt, für die Netzversorgung in Anspruch genommen werden.

2. Ein Abnehmerverzeichnis mit Anschlußwerten. Für die Neubaugebiete soll eine Wohndichte von 50 Einwohnern je ha angenommen werden. Kochstrom soll bei den Neubaugebieten berücksichtigt werden.

Gefordert wurde:

1. Das Netz soll offen und geschlossen gefahren werden können und
2. verbunden mit der Ortsnetzplanung sollen Vorschläge für eine moderne und zeitgemäße Straßenbeleuchtung gemacht werden.

Zur Erfüllung dieser Forderungen sind also folgende Arbeiten durchzuführen:

1. Festlegung der Stationsstandorte,
2. Entwurf des Leitungsplanes,
3. Leistungsflußschema,
4. Berechnung auf Spannungsabfall und Querschnitt,
5. Berechnung auf Kurzschlußfestigkeit,
6. Stromverteilung im geschlossenen Netz,
7. Kostenanschlag,
8. Vorschläge für die Straßenbeleuchtung.

2 Grundlagen für die Projektierung

2.1 Planunterlagen

In vorliegendem Falle wird die Arbeit dadurch erleichtert, daß ein zusammenhängender Ortsplan vorhanden ist und nach Anfertigung einer Mutterpause die für die Projektierung erforderliche Anzahl von Lichtpausen jederzeit davon angefertigt werden können.

Für die Projektierung eignen sich Pläne im Maßstab 1:1000 und 1:1500. Ist dieser Maßstab nicht gegeben oder besteht der Plan aus verschiedenen Blättern oder Überschneidungen, dann ist es ratsam einen neuen Plan, der das gesamte Versorgungsgebiet innerhalb der Bebauungsgrenzen umfaßt, anzufertigen bzw. auf den geeigneten Maßstab zu panthographieren. Bis die Mutterpausen angefertigt sind bzw. die Zeichnungen fertig sind, können die Vorarbeiten vorangetrieben werden.

2.2 Belastungsangaben

In dem EVU-Verzeichnis sind alle Abnehmer aufgeführt mit Angabe von Straße und Hausnummer. Das Verzeichnis muß also überarbeitet und ergänzt werden und auf Belastung je Haus abgestellt werden.

Hier wäre zunächst zu klären, welche Belastungen für die Projektierung anzunehmen bzw. zugrunde zu legen sind.

Eine Methode, die effektive Leistungsabnahme je Wohnung rechnerisch zu ermitteln, gibt es nicht. Im Laufe der Zeit haben sich aber auf Grund von Messungen und Erhebungen Erfahrungswerte herausgebildet, die geeignet sind als Grundlage für die weitere Berechnung zu dienen. Nachstehende Werte basieren auf einem Gleichzeitigkeitsfaktor der zwischen 10—20 % der je Wohnung installierten Leistung liegt.

Danach kann man für die Berechnung einsetzen:

Die 1. Wohnung eines Hauses ohne Elektroherd	mit 0,5 kW
Die 2. Wohnung eines Hauses ohne Elektroherd	mit 0,4 kW
Die 3. und weitere Wohnungen ohne Elektroherd	je mit 0,3 kW

Will man ganz sicher gehen und eine Reserve einschließen,

dann sollte man jede dieser Wohnungen durchweg einsetzen	mit 0,5 kW
Haushaltungen mit elektrischem Vollherd	mit 1,0—1,5 kW

Vollelektrifizierte Wohnungen mit E-herd, Durchlauferhitzer
oder Heißwasserspeicher, Kühlschrank, Waschmaschine und
E-Zusatzheizung   mit 2,0—3,0 kW

Motorenbelastung wird üblicherweise mit einem Gleichzeitigkeitsfaktor eingesetzt   von 0,5

Großabnehmer wie z. B. Kaufhäuser oder große Geschäftshäuser, Kinos,
größere Gewerbebetriebe, Sägewerke usw. sollten nicht an das allgemeine Ver-
sorgungsnetz angeschlossen werden. Sie erhalten entweder einen eigenen
Hochspannungsanschluß oder eine direkte Niederspannungszuleitung von der
Trafostation.

Die Belastungsangaben bzw. -annahmen für die Abnehmer eines Hauses
werden zu einer Summe zusammengefaßt, wobei die Motorenbelastung unter
Beachtung des Gleichzeitigkeitsfaktor in die Summe mit einbezogen wird.

Ist diese Überarbeitung und Eintragung der Belastungswerte erfolgt, dann
werden diese Werte am besten mit Buntstift in die 1. Lichtpause neben oder
in den Hausvierecken eingetragen. Diese Lichtpause erhält die Bezeichnung
„Plan mit Belastungsangaben". Ganz überschlägig wird man sich jetzt schon
ein Bild machen können, wo besondere Belastungsschwerpunkte liegen.

2.3 Wohndichte und Flächenbelastung

Nun gibt es innerhalb der Bebauungsgrenze noch Gebiete, die noch nicht
bebaut sind und für die noch keine Bebauungspläne vorliegen. Diese Gebiete
müssen aber bei der Planung des Versorgungsnetzes bereits berücksichtigt
werden, damit sie sich in die Gesamtplanung einfügen. Von Seiten der Bau-
planungsbehörde ist aber für dieses Gebiet meist schon eine Wohndichte festgelegt, die sich auf den Hektar bezieht.

Um nun zu Belastungsangaben für die weitere Projektierung des Ortsnetzes
zu kommen, rechnet man, daß auf etwa 3—4 Personen eine Wohnung entfällt.
Ist also z. B. eine Wohndichte von 35 angegeben, dann würde dies etwa
10 Wohnungen entsprechen. Setzt man jede dieser Wohnungen mit 0,5 kW
Anschlußwert in die Berechnung ein, dann ergibt sich für den Hektar eine
Flächenbelastung von 5 kW oder auf den Quadratkilometer umgerechnet von
500 kW/km^2.

Es läßt sich also folgende Tabelle aufstellen:

Wohndichte	je ha	35	50	75	100	125/150
Wohnungen	je ha	10	15—20	25	35	40—50
Flächenbelastung	kW/km^2	500	750	1100	1500	2000

Legt man die Flächenbelastung, die man ja nach dem Plan mit Belastungsangaben für begrenzte Gebiete ermitteln kann, als bekannt zugrunde, dann

kann man in vorstehender Tabelle die Wohndichte, die für diesen Bezirk in Frage kommt, ablesen.

Ist auch die Wohndichte nicht bekannt, so kann in vielen Fällen eine Belastungsannahme in Abhängigkeit von der Straßenlänge je nach der Struktur des Ortsbildes zum Ziele führen. Die Entfernung der Straßen schwankt zwischen 150 und 250 m im Mittel also 200 m. Danach entfallen auf 1 km² bebautes oder noch zu bebauendes Wohngebiet 10 000 m Straßenlänge (nicht Häuserfront).

Je nach der Struktur des Ortsbildes läßt sich dann folgende Aufstellung machen:

	Belastung je m Straßenlänge in W	Wohndichte Einwohner je ha	Flächenbelastung kW/km²
Landgemeinden, offene Siedlungsbauweise	50	35	500
Städtische Wohn- und Siedlungsgebiete	100	50—75	1000
Geschlossene Wohngebiete mit Kleingewerbe	150	100	1500
Ortskern und Geschäftsviertel	200	125—150	2000

2.4 Abstände der Trafostationen und Gebietsbelastung

Von der Flächenbelastung sind auch die zu wählenden Stationsabstände abhängig.

Geht man von der Überlegung aus, daß von der Station bis zum Rand des Versorgungsgebietes ein Spannungsabfall von 3 bis 3,5% und in den Hausanschlüssen noch einmal zusätzlich 1,5 bis 2% auftreten, dann ergibt sich damit der zugelassene Spannungsabfall von 5%.

Setzt man den Spannungsabfall von 3 bis 3,5% und Leiterquerschnitt und -material als bekannt voraus, dann läßt sich rückwärts die übertragbare Leistung ausrechnen.

Der Querschnitt wird sich zum Leitungsende zu verjüngen, bei Aldrey etwa von 70 mm² über 50 mm² auf 35 mm² oder für leitwertgleiche Kupferleitungen von 35 über 25 auf 16 mm². Für die Berechnung legt man daher einen Einheitsquerschnitt, z. B. bei Aldrey von 50 mm² oder bei Kupfer von 25 mm² zugrunde und eine über die ganze Länge gleichmäßig verteilte Belastung.

Die Rechnung für einen Stationsradius von 350 m ergibt unter obigen Annahmen eine Stromkreisbelastung von rund 30 kW. Das Versorgungsgebiet mit einem Radius von 350 m beträgt etwa 0,4 km². Gehen von einer Trafo-station normal 4—6 Stromkreise ab, so ergibt sich eine Flächenbelastung von rund 175 kW oder auf den km² umgerechnet voll aufgerundet 500 kW oder auf einen Hektar rund 5 kW.

Die gleichen Überlegungen und Berechnungen für Stationsentfernungen von 600 m, 500 m, 450 m und 400 m durchgeführt ergeben die in nachstehender Tabelle in runden Zahlen eingetragenen Werte.

Stations-entfernungen m	Stations-radius m	Versorgungs-gebiet km²	kW je Stromkreis	kW je Versorgungs-gebiet	entspricht Flächen-belastung kW/km²
700	350	0,4	30	175	500
600	300	0,28	35	200	750
500	250	0,20	45	225	1100
450	225	0,17	50	250	1500
400	200	0,13	55	275	2000

Die Darlegungen zeigen, daß die obere Grenze für die Stationsentfernungen etwa bei 700 m liegt. Da die Wohndichte vom Mittelpunkt eines Ortes nach den Randgebieten zu abnimmt, werden die Trafostationen im Zentrum enger zusammenstehen müssen als in den Siedlungsgebieten mit offener Bauweise am Rande des Ortes.

Geringfügige Abweichungen, die durch örtliche Gegebenheiten bedingt sind, müssen in Kauf genommen werden.

2.5 Freileitungs- oder Kabelnetz

Vor Inangriffnahme der Projektierungsarbeiten ist weiterhin zu klären, in welcher Bauweise und Ausführungsart das Netz erstellt werden soll.

Man kann hier unter 6 Möglichkeiten wählen:

1. Freileitung mit Holzmasten oder
2. Freileitung mit Dachständern oder
3. Freileitung mit gemischter Bauweise oder
4. Kabelnetz mit einem Kabelstrang je Straßenzug oder
5. Kabelnetz mit zweiseitiger Kabelverlegung oder
6. Freileitung und Kabel.

Die Bauweise ist verschieden, in Norddeutschland bevorzugt man die Holz-mastbauweise, in Süddeutschland die Dachständerausführung. Jede hat ihre Vorteile und Nachteile. Abhängig ist die Wahl aber auch von der Struktur des Ortsbildes.

Streusiedlungen lassen sich z. B. nur durch ein Holzmastnetz versorgen, während bei geschlossener und verschachtelter Bauweise mit engen Straßen sich die Dachständerbauweise von alleine anbietet.

Holzmaste an einer oder gar an beiden Straßenseiten wirken sehr unschön und verkehrsbehindernd. Nach Möglichkeit sollte man daher die Leitungszüge hinter die Häuser verlegen und die Anschlußleitungen von hinten an die Häuser heranführen, das gleiche gilt sinngemäß auch für die Dachständerbauweise. Kabelnetze mit einem Kabelstrang je Straßenzug bedingen die Unterkreuzung des Fahrdammes, was bei Reparaturen oder Neuanschlüssen sehr hinderlich und kostspielig sein kann. Besser und üblich ist daher die Verlegung geringerer Querschnitte beiderseits der Straße.

Nachstehende Zeichnungen zeigen einige Beispiele, um die Wahl der zweckmäßigsten Bauweise zu erleichtern:

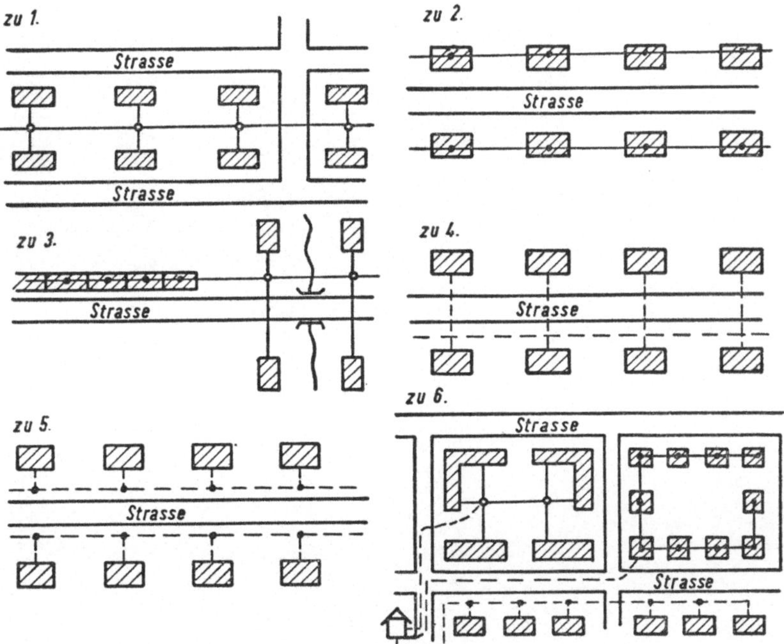

Wirtschaftliche Gesichtspunkte werden die Frage entscheiden, ob ein Freileitungs- oder ein Kabelnetz auszuführen ist. Bei einer Flächenbelastung von etwa 1000 kW/km^2 an aufwärts dürfte die Vergleichsrechnung zugunsten des Kabelnetzes ausfallen. Bei geschlossener Bauweise mit 3- und mehrgeschossigen

Häusern sollte man dem Kabel auf alle Fälle den Vorzug geben, auch wenn die Flächenbelastung unter 1000 kW/km² liegen sollte. Zu bedenken ist ferner, daß bei einem Kabelnetz die Betriebssicherheit größer und die Unterhaltungskosten kleiner sind als bei einem Freileitungsnetz.

Die Frage, welches Leitermaterial gewählt werden soll, ist natürlich eine Geldfrage die in Abhängigkeit von den täglichen Metallnotierungen entschieden werden muß. Sinkt der Kupferpreis etwa 20 % unter den Barrenpreis für Aldrey, dann ist die Parität erreicht und man wird selbstverständlich dem Kupfer den Vorzug geben. Der leitwertgleiche Querschnitt für Kupfer beträgt etwa 50 % des Aldreyquerschnittes (siehe auch Kurvenblatt Seite 33).

3 Technische Daten und Berechnung von Netz-Bauteilen

Bevor mit der eigentlichen Planung der Leitungsführung begonnen wird, ist es notwendig, sich mit den einzelnen Bauelementen vertraut zu machen. Dies ist erforderlich, um die richtige Auswahl der zu verwendenden Bauelemente treffen zu können. Wenn auch die Bauteile weitgehend genormt sind, so verlangt der Bau eines Ortsnetzes trotzdem neben dem elektrotechnischen Fachwissen auch Kenntnisse aus der Mechanik, Statik und Festigkeitslehre.

Aus den nachfolgenden Tabellen und Ausführungen können die technischen Daten und Formeln für die Berechnung von Netz-Bauteilen entnommen werden.

3.1 Leitungen und Kabel

Kupfer- und Aluminiumseile

Nennquerschnitt	Aufbau je Ader mm	Außendurchmesser mm	Gewicht kg/km		Belastbarkeit A	
			Kupfer	Alum.	Kupfer	Alum.
10	1×3,55	3,55	90	—	70	—
16	7×1,7	5,1	144	44,5	115	92
25	7×2,1	6,3	225	67,5	151	121
35	7×2,5	7,5	315	95	174	149
50	19×1,8	9,0	450	133,5	231	185
70	19×2,1	10,5	630	183,5	282	226
95	19×2,5	12,5	855	259	357	282

Kabel NKBA und NAKBA 1 kV

4×10	1×3,57	25	1780	1530	80	65
4×16	1×4,51	28	2260	1860	110	90
4×25	7×2,13	31	2930	2190	135	110
4×35	7×2,52	33	3570	2440	165	130
4×50	7×3,02	36	4430	3060	200	160
4×70	19×2,17	39	5490	3430	245	195
4×90	19×2,52	44	7260	4620	295	235

Kunststoffkabel		Außendurchmesser		Gewicht kg/km		Belastbarkeit A	
		NYY	NYYB	NYY	NYYB	i. Erde	i. Luft
4×10	7×1,35	20,5	26,0	790	1400	80	64
4×16	7×1,70	23,0	28,0	1130	1800	110	88
4×25	7×2,13	27,0	32,5	1660	2430	135	105
4×35	7×2,52	31,0	36,5	2190	3060	165	135
4×50	7×3,02	35,5	42,5	3050	4600	200	165
4×70	19×2,17	40,0	47,0	4070	5790	245	200
4×95	19×2,52	46,0	53,0	5450	7380	295	240

Aluminium-Bindedraht 2,5 mm $\emptyset$

je Isolatorenbund 1,5 m   100 m = 1,320 kg

Aluminium-Wickelband 10×1 mm

je Bund 0,8 m   100 m = 2,700 kg

NYM	2-adrig		3-adrig		4-adrig	
	Durchmesser	Gewicht	Durchmesser	Gewicht	Durchmesser	Gewicht
1,5	9,8	115	10,5	135	11,0	165
2,5	11,0	160	11,5	190	12,5	225
4	12,5	215	13,0	265	14,0	320
6	13,5	275	14,5	340	16,0	420
10	16,5	425	17,5	530	19,0	665

Stahlkupferdrähte und -seile mit 30 % Kupferauflage

Nenn-querschnitt	Aufbau	Durch-messer	Gewicht kg/km	Bruchlast in kg		
				Staku I	Staku II	Staku III

Stakudrähte

Nenn-querschnitt	Aufbau	Durch-messer	Gewicht kg/km	Staku I	Staku II	Staku III
12,6	—	4	102,4	779	1156	1570
19,6	—	5	160,0	1217	1610	2336
28,3	—	6	230,4	1696	2318	3336

Stakuseile

Nenn-querschnitt	Aufbau	Durch-messer	Gewicht kg/km	Staku I	Staku II	Staku III
25	7×2,1	6,3	200	1560	2070	2990
35	7×2,5	7,5	285	2160	2940	4250
50	7×3,0	9,0	410	2960	4840	5870
50	14×2,1	9,2	403	3030	4010	5800
50	19×1,8	9,0	403	2960	4130	—
70	19×2,1	10,5	548	4020	5330	7700

Stahlseile nach DIN 48 200

Nenn-querschnitt	Aufbau	Durch-messer	Gewicht kg/km	Bruchlast in kg		
				Stahl ST I	ST II	ST III
35	7×2,5	7,5	270	1370	2220	4120
50	19×1,8	9,0	385	1980	3465	5930
70	19×2,1	10,5	539	2880	5055	8660

3.2 Zugspannung, Durchhang und Zusatzlast

Die zulässigen Zugspannungen betragen für die verschiedenen Leitungs-baustoffe:

Cu-Seile .... 19 kg/mm²   Staku-Draht I ..... 17 kg/mm²
Al-Seile .... 8 „   Staku-Draht II ..... 24 „
Aldrey-Seile .... 12 „   Staku-Draht III ..... 26 „

11

Stahlseile St I   . . . . . 16 kg/mm²   Staku-Seil I   . . . . 25 kg/mm²
Stahlseile St II   . . , . . 28   „   Staku-Seil II   35   „
Stahlseile St III   45   „   Staku-Seil III   38   „

Für Kreuzungen von verkehrsreichen Straßen und Eisenbahn gelten 75 %
dieser Werte.

Berechnung des Durchhanges

Bei der Berechnung des Durchhanges ist zu berücksichtigen, daß zum Gewicht
der Leitung je m eine Belastung durch Eisbehang, Rauhreif, Schnee oder Wind
hinzukommt. Für normale Fälle ist diese

$$\text{Zusatzlast} = 0{,}180 \ \sqrt{d} \ (\text{kg/m})$$

wobei d = Istleitungsdurchmesser in mm ist.

In Gegenden, in denen erfahrungsgemäß größere Zusatzlasten als die normalen
regelmäßig auftreten, sind Höchstzugspannung und Spannweite so zu wählen,
daß
    bei eindrähtigen Leitungen das 4fache
    bei Seilen das 2fache

der größeren Zusatzlast den Werkstoff höchstens bis zur Dauerzugfestigkeit
beanspruchen (s. VDE 0211/2.58 § 7—9).

Festwerte der Leitungsbaustoffe für die Durchhangsberechnung

	Cu	Al	Aldrey	Stahl I	St II	St III	
Dauerfestigkeit	30	12	24	32	56	90	kg/mm²
Prüffestigkeit	40	17—18	30	40	70	120	kg/mm²

Die Dauerfestigkeit gibt an, welche Zugspannung der Leitungsbaustoff 1 Jahr
lang aushalten muß, ohne zum Bruch zu führen. Der Wert für die Prüffestigkeit ist dagegen auf die Dauer von 1 Minute bezogen.

Der Durchhang der Leitungen errechnet sich nach der Formel:

$$f = \frac{a^2 \cdot g}{8 \cdot Z} \quad (m)$$

hierin bedeuten: f = Durchhang bei Zusatzlast und −5 °C in m

  a = Spannweite in m

  g = Leitungsgewicht + Zusatzlast in kg je m

  Z = Zugkraft (Zugspannung · Querschnitt) in kg

Schneelast auf Flächen wird mit 75 kg/m² eingesetzt.

12

3.3 Holzmaste *(Die restlichen Ausführungen folgen auf Seite 18)*

Nomogramm für die Auswahl von Holzmasten, entspr. Seilbelegung u. Mastabstand

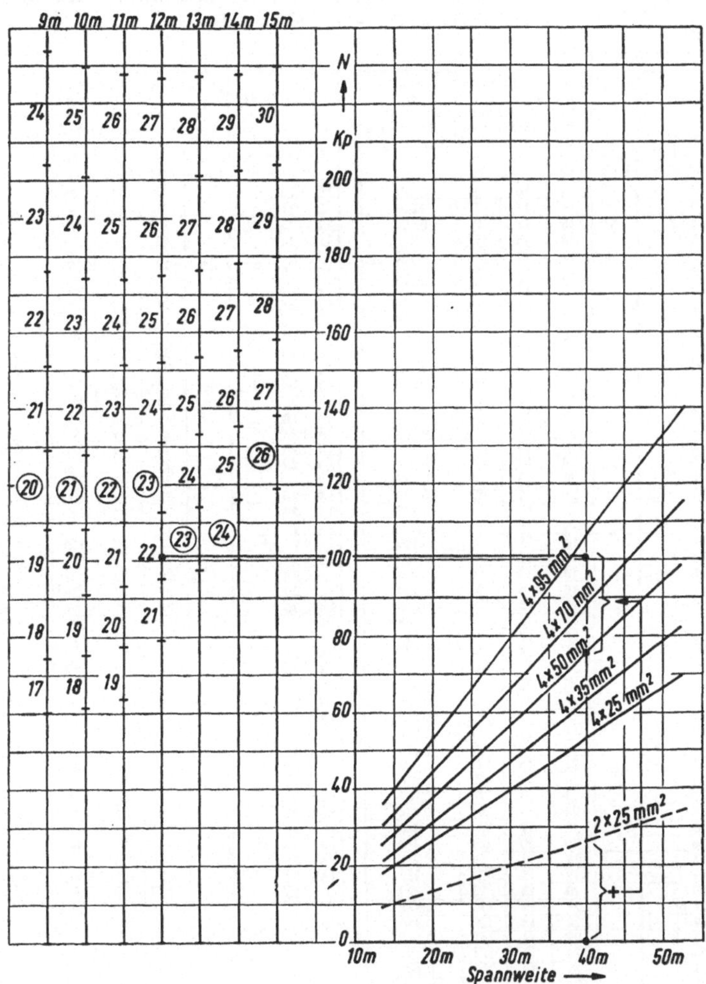

Anmerkung: Fußdurchmesser im ○ = 15 cm Zapf. Schwächere Maste sollte man nicht wählen

Beispiel:

Spannweite: 40 m; Seilbelegung: 4 × 50 und 2 × 25 mm². Welchen Durchmesser muß ein 12 m-Mast haben?

Es käme also ein Mast 12 × 22 in Frage. Da man aber nicht gerne unter 15 cm Zopfdurchmesser geht, wird ein Mast 12 × 23 gewählt

Fernmelde- und Starkstrom-Freileitungen # Holzmaste	DIN 48 350

Bezeichnung eines Holzmastes der Nenngröße 8×16 aus Kiefer (Ki)[1] mit dachförmigem (D)[2] Zopfende:

Holzmast 8×16 DIN 48 350 Ki D

1 Maße

1	2	3	4	5	6
Nenngröße[3] Holzmast Länge × Fuß-durchmesser	Länge l m Zul. Abw. + 10 cm	Fuß-durch-mes-ser[4] f cm mind.	Zopf-durch-mes-ser[4] z cm mind.	Nutz-zug[5] an der Mast-spitze N kg	Richtwert des Festgehaltes (in fm) für die Tränkung[6] V m^3
6 × 13		13	10	61	0,077
6 × 14		14	11	77	0,089
6 × 15 +)	6	15	12	97	0,102
6 × 16 +)		16	13	119	0,117
6 × 17		17	14	144	0,132
7 × 14		14	10	59	0,100
7 × 15 +)		15	11	75	0,115
7 × 16 +)		16	12	93	0,131
7 × 17 +)	7	17	13	113	0,149
7 × 18 +)		18	14	136	0,167
7 × 19		19	15	162	0,187
7 × 20		20	16	191	0,208
7 × 21		21	17	223	0,230
8 × 15		15	10	59	0,124
8 × 16 +)		16	11	73	0,142
8 × 17 +)		17	12	91	0,162
8 × 18 +)		18	13	110	0,183
8 × 19 +)	8	19	14	131	0,205
8 × 20		20	15	155	0,228
8 × 21		21	16	182	0,253
8 × 22		22	17	211	0,278
8 × 23		23	18	244	0,305
9 × 16		16	11	60	0,160
9 × 17 +)		17	12	74	0,182
9 × 18 +) ++)		18	13	90	0,205
9 × 19 +) ++)		19	14	108	0,230
9 × 20 +) ++)		20	15	129	0,256
9 × 21 +)	9	21	16	151	0,284
9 × 22		22	17	176	0,313
9 × 23		23	18	204	0,343
9 × 24		24	19	234	0,375
9 × 25		25	20	267	0,408
10 × 17		17	11	61	0,194
10 × 18		18	12	75	0,219
10 × 19 ++)		19	13	91	0,246
10 × 20 +) ++)		20	14	108	0,275
10 × 21 +) ++)	10	21	15	128	0,304
10 × 22 +)		22	16	150	0,336
10 × 23		23	17	174	0,369
10 × 24		24	18	201	0,404
10 × 25		25	19	230	0,440
10 × 26		26	20	261	0,478
11 × 18		18	11	63	0,231
11 × 19		19	12	77	0,259
11 × 20 ++)		20	13	93	0,290
11 × 21 +) ++)		21	14	110	0,322
11 × 22 +) ++)		22	15	129	0,357
11 × 23 +)	11	23	16	151	0,392
11 × 24		24	17	174	0,430
11 × 25		25	18	200	0,469
11 × 26		26	19	228	0,511
11 × 27		27	20	258	0,553
11 × 28		28	21	291	0,597

1	2	3	4	5	6
Nenngröße[3] Holzmast Länge × Fuß-durchmesser	Länge l m Zul. Abw. + 10 cm	Fuß-durch-mes-ser[4] f cm mind.	Zopf-durch-mes-ser[4] z cm mind.	Nutz-zug[5] an der Mast-spitze N kg	Richtwert des Festgehaltes (in fm) für die Tränkung[6] V m^3
12 × 20		20	12	79	0,304
12 × 21 ++)		21	13	95	0,339
12 × 22 ++)		22	14	112	0,375
12 × 23 ++)		23	15	131	0,414
12 × 24		24	16	152	0,454
12 × 25	12	25	17	175	0,496
12 × 26		26	18	200	0,540
12 × 27		27	19	227	0,586
12 × 28		28	20	257	0,634
12 × 29		29	21	289	0,683
13 × 22 ++)		22	14	97	0,407
13 × 23 ++)		23	15	114	0,450
13 × 24 ++)		24	16	133	0,493
13 × 25		25	17	153	0,539
13 × 26	13	26	18	176	0,587
13 × 27		27	19	201	0,637
13 × 28		28	20	227	0,688
13 × 29		29	21	256	0,742
13 × 30		30	22	287	0,798
14 × 23		23	14	100	0,466
14 × 24		24	15	116	0,513
14 × 25 ++)		25	16	135	0,561
14 × 26 ++)		26	17	155	0,611
14 × 27 ++)		27	18	178	0,665
14 × 28	14	28	19	202	0,719
14 × 29		29	20	228	0,777
14 × 30		30	21	257	0,836
14 × 31		31	22	287	0,898
14 × 32		32	23	320	0,961
15 × 25		25	15	119	0,580
15 × 26		26	16	138	0,633
15 × 27		27	17	158	0,689
15 × 28 ++)		28	18	180	0,747
15 × 29 ++)	15	29	19	204	0,807
15 × 30 ++)		30	20	230	0,870
15 × 31		31	21	258	0,935
15 × 32		32	22	288	1,002
16 × 26		26	15	122	0,655
16 × 27		27	16	140	0,715
16 × 28		28	17	161	0,775
16 × 29 ++)		29	18	183	0,838
16 × 30 ++)	16	30	19	206	0,904
16 × 31 ++)		31	20	232	0,973
16 × 32		32	21	260	1,043
16 × 33		33	22	289	1,117

Fußnoten siehe Seite 2

Fortsetzung Seite 2

Fachnormenausschuß Elektrotechnik im Deutschen Normenausschuß (DNA)
Fachnormenausschuß Holz im DNA

Die Normblätter auf den Seiten 14–18 und 27–28 werden mit Genehmigung des Deutschen Normen-ausschusses wiedergegeben. Maßgebend ist die jeweils neueste Ausgabe des Normblattes im Norm-format A 4, das bei der Beuth-Vertrieb GmbH, Berlin W 15 und Köln erhältlich ist.

2   Holzarten

Für Holzmaste sind die Stammabschnitte[7]) und die Mittelstücke[8]) des Baumes folgender Holzarten zugelassen:

Gruppe Kiefer (Ki):

Kiefer (Föhre, Forle)	Pinus sylvestris L.
Europäische Lärche	Larix decidua Mill.
Japanische Lärche	Larix leptolepis (Sieb. u. Zucc.) Gord.

Gruppe Fichte (Fi):

Fichte (Rottanne)	Picea Abies (L.) Karst.
Tanne (Weißtanne, Edeltanne)	Abies alba Mill.
Douglasie (Douglasfichte, -tanne)	Pseudotsuga taxifolia (Poir.) Britt.

Wipfelstücke sind ausgeschlossen.

3   Fällzeit und Behandlung nach dem Fällen

Die Maste müssen, soweit sie zur Tränkung nach dem Kesseldruck- oder Trogverfahren bestimmt sind, aus der der Lieferung unmittelbar vorausgegangenen Winterfällung herrühren und innerhalb dieser Zeit weißgeschält oder mindestens grubenholzartig entrindet sein. Abweichungen bedürfen besonderer Vereinbarung.

Wenn nicht anders vereinbart, sind die Maste bis zur Abfuhr aus dem Walde luftig und auf Unterlagshölzern oder dergleichen zu lagern, so daß sie an keiner Stelle den Erdboden berühren. Auf der Hirnfläche des unteren Mastendes ist das Kennzeichen des Holzlieferers deutlich lesbar anzubringen.

4   Beschaffenheit

Die Maste sollen möglichst gerade gewachsen sein derart, daß die Mittellinie des Mastes von der geraden Verbindungslinie des Mittelpunktes am Zopfende mit dem Mittelpunkt an der Erdaustrittstelle (gemäß Fußnote 5 zu Abschnitt 1)

an keiner Stelle um mehr als den halben Mastdurchmesser an dieser Stelle abweichen darf. Die Abweichungen dürfen nur in einer Richtung bestehen.

Der Mastdurchmesser darf sich nach dem Fußende zu nicht verringern; Astwülste bleiben hierbei unberücksichtigt. Bei der Nachprüfung dieser Vorschrift ist ebenso wie bei der Ermittlung des Fuß- und Zopfdurchmessers zu verfahren (vergleiche Fußnote 4 zu Abschnitt 1).

Maste mit Drehwuchs, deren Fasern auf die halbe freie Mastlänge um mehr als 90° verdreht sind, können zurückgewiesen werden.

Nicht zugelassen ist Holz: ·

mit Fäulniserscheinungen jeder Art,

mit Bohr- und Fluglöchern von Insekten, soweit die Löcher nach dem Schälen der Maste noch sichtbar sind[9]),

mit Spaltrissen[10]),

das stark ästig ist,

mit tiefen Astlöchern oder mit tiefen Verletzungen,

mit Querrissen, die durch verkantetes Fallen der Maste auf Unterlagen (Hölzer, Steine usw.) entstanden sind,

mit sonstigen Mängeln, die die Festigkeit, Haltbarkeit und Verwendung der Maste beeinträchtigen.

Blau gewordenes Holz ist zuzulassen, solange das ordnungsmäßige Tränken des Splintholzes im üblichen Tränkverfahren erreichbar ist.

5   Bearbeitung

Die Maste müssen fein geschält, d. h. Rinde, Bast und mindestens jüngster Jahrring müssen durch sauberes Bearbeiten mit dem Ziehmesser oder der Schälmaschine entfernt sein; Aststellen sind zu glätten.

Das Fußende der Maste ist senkrecht zur Längsachse zu schneiden; der Rand der Schnittfläche ist abzukanten.

Das Zopfende ist nach Wahl des Auftraggebers kegelförmig (K) oder dachförmig (D) auf eine Länge, die etwa $1/3$ des Zopfdurchmessers entspricht, gleichmäßig herzurichten. Die Schnittfläche muß glatt (ohne Fasern) sein. Bei Masten mit nicht kreisförmigem Querschnitt ist die Firstlinie der dachartigen Abschrägung in Richtung der großen Achse zu legen.

[1]) Angabe über Holzarten siehe Abschnitt 2

[2]) Angabe über Bearbeitung des Zopfendes siehe Abschnitt 5

[3]) Die mit +) gekennzeichneten Nenngrößen werden für Fernmelde-Freileitungen, die mit ++) gekennzeichneten Nenngrößen für Starkstrom-Freileitungen bevorzugt verwendet.

[4]) Der Fußdurchmesser wird 1,50 m vom Fußende, der Zopfdurchmesser am oberen Ende des Mastes durch Messen des Umfanges mit einem Bandmaß und durch Teilen des Wertes durch 3,14 ermittelt. Liegt an der Meßstelle ein Astwulst, so wird der Zopfdurchmesser unmittelbar darunter, der Fußdurchmesser aus den Messungen an normal gewachsenen Stellen gleich weit oberhalb und unterhalb der Meßstelle ermittelt. Bei Festlegung des Nennmaßes bleiben überschießende Bruchteile eines Zentimeters unberücksichtigt.

Die geforderten Maße für Fuß- und Zopfdurchmesser müssen im lufttrockenen Zustand der Maste vorhanden sein; bei frischen und halbtrockenen Masten müssen sie um 0,3 cm größer sein.

[5]) Der angegebene Wert des Nutzzuges ist die an der Mastspitze zulässige Zugkraft abzüglich Winddruck auf den Mast; er ist nach den Vorschriften für den Bau von Starkstrom-Freileitungen VDE 0210 § 21 ermittelt, wobei eine Eingrabetiefe von $1/6$ der Gesamtmastlänge, mindestens jedoch 1,60 m zugrunde gelegt ist.

[6]) Der Richtwert des Festgehaltes (Festmeter-Inhalt in m^3 = fm) ist zu berechnen nach der Formel:

$$v = \frac{\pi}{4} \cdot l \cdot \left[\left(f_{mitt} - \frac{a_r \cdot (l-3)}{2} \right)^2 + \frac{1}{3} \cdot \left(\frac{a_r \cdot l}{2} \right)^2 \right] \cdot 10^{-4} \quad \text{in } m^3 \tag{1}$$

darin bedeuten:

π 3,14

l Gesamtlänge des Mastes in m

f_{mitt} mittlerer Fußdurchmesser des Mastes in cm,
= Mindestwert des Fußdurchmessers nach Spalte 3 zuzüglich 0,5 cm, z. B. bei Holzmast 8×16: $f_{mitt} = 16{,}5$ cm

a_r Rechenwert der Abholzigkeit in cm/m angesetzt mit dem Wert:

$$a_r = a_n - 0{,}17 \quad \text{in cm/m} \tag{2}$$

a_n Abholzigkeit gemäß den Nenngrößen des Mastes in cm/m, zu berechnen aus dem Mindestwert des Fußdurchmessers f_{mind} nach Spalte 3 und dem Mindestwert des Zopfdurchmessers z_{mind} nach Spalte 4 nach der Formel:

$$a_n = \frac{f_{mind} - z_{mind}}{l - 1{,}5} \quad \text{in cm/m} \tag{3}$$

[7]) Unter Stammabschnitt ist der an den Wurzelstock anschließende Teil des Baumes zu verstehen.

[8]) Unter Mittelstück ist der mittlere Teil des Baumes zwischen Stammabschnitt und Wipfelstück zu verstehen.

[9]) Siehe VDE 0215 „Merkblatt über die Zerstörung von Holzmasten durch Käferlarven".

[10]) Unter Spaltrissen sind die durch unsachgemäßes Fällen und Abzopfen verursachten Aufspaltungen, nicht aber die durch das Trocknen entstehenden Luftrisse zu verstehen.

Starkstrom-Freileitungen

A-Maste

Hauptmaße

**DIN
48 351**

Maße in m
(soweit nicht andere Einheiten angegeben)

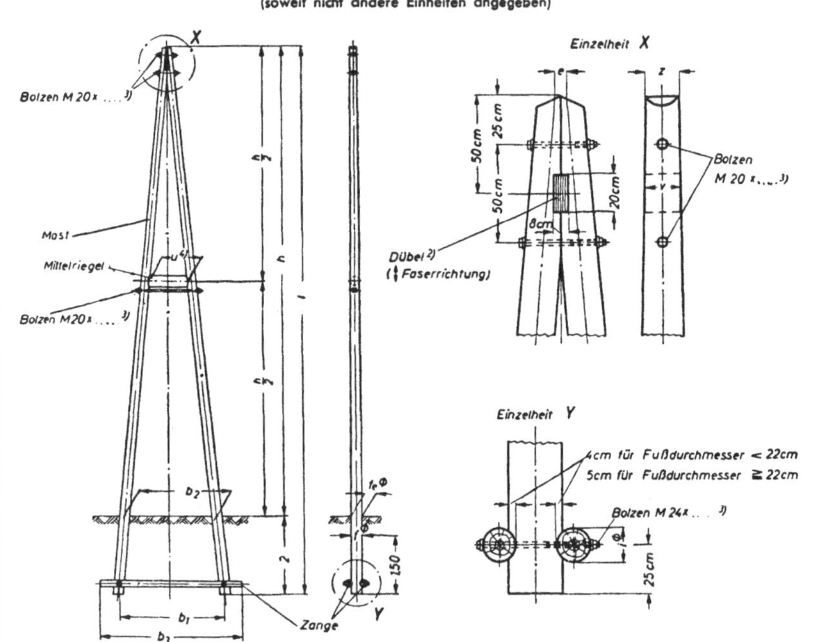

Bezeichnung eines A-Mastes aus Holzmasten der Nenngrößen 11 × 24 aus Kiefer (Ki) ¹):

A-Mast 1124 DIN 48 351 Ki

¹) **Werkstoff:**

    Maste und Zange (bei Bestellung angeben): Ki = Kiefer oder Fi = Fichte nach DIN 48 350
    Dübel : Hartholz ²)
    Gründung für tragfähigen Baugrund nach VDE 0210 Ausgabe 2. 58 § 28, Tafel 9 A mit zulässiger Bodenpressung
    $\geqq$ 2 kp/cm² ⁵) und Raumgewicht 1600 kp/m³ ⁵)

²) An Stelle des Hartholzdübels ist eine in bezug auf Festigkeit nachweislich mindestens gleichwertige Ausführung zulässig.

³) Bolzen, Muttern und Unterlegscheiben werden in einer besonderen Tabelle (noch in Vorbereitung) festgelegt.

⁴) v ist ein Rohmaß, Länge des Riegels ist anzupassen.

⁵) Statt der Benennung „Kilopond" und des Zeichens „kp" kann bei Anwendung dieser Norm auch die Benennung „Kilogramm" und das Zeichen „kg" benutzt werden, sofern kein Zweifel über den Sinn der Benennung möglich ist (siehe auch DIN 1301).

Formeln und Berechnungsgrundlagen siehe DIN 48 351 Beiblatt 1 (z. Z. noch Entwurf)

Fortsetzung Seite 2 und 3

Fachnormenausschuß Elektrotechnik im Deutschen Normenausschuß (DNA)
Fachnormenausschuß Holz im DNA

Kurzzeichen der A-Maste	A-Mastlänge		Spreizung der A-Maste		Zange		Nenngröße der Maste nach DIN 48 350 Länge × Fußdurchmesser (f)	Durchmesser der Maste		Länge des Mittelriegels	Länge des Hartholzdübels	Abstand der Mastmittellinien an der Mastspitze	Nutzzug an der Mastspitze	
	im ganzen	über Erde	in Mitte Zangen	an der Erdoberfläche	Durchmesser	Länge		am Zopf	am Erdaustritt	des Mittelriegels	des Hartholzdübels	an der Mastspitze	in A-Mastebene	senkrecht zur A-Mastebene
	l	h	b_1	b_2	i	b_3		z mind.	f_e mind.	u	v	e		
	m ≈	m ≈	m	m	cm	m		cm	cm	cm ≈	cm	cm	kp [5]	kp [5]
918					13	2,80	9×18	13	17,7		16	0	434	151
919					14	2,80	9×19	14	18,7		16	0	576	188
920	9	7	1,70	1,37	16	2,80	9×20	15	19,7	60	16	0	746	230
921					18	3,10	9×21	16	20,7		16	2	948	277
922					19	3,10	9×22	17	21,7		18	4	1186	328
1019					13	3,00	10×19	13	18,6		16	0	370	151
1020					14	3,00	10×20	14	19,6		16	0	489	187
1021					15	3,00	10×21	15	20,6		16	0	634	227
1022	10	8	1,90	1,57	16	3,00	10×22	16	21,6	70	16	2	804	271
1023					18	3,30	10×23	17	22,6		18	2	1004	320
1024					19	3,30	10×24	18	23,6		18	4	1237	374
1121					14	3,10	11×21	14	20,6		16	0	426	187
1122					15	3,10	11×22	15	21,6		16	0	551	226
1123					16	3,10	11×23	16	22,6		16	2	697	269
1124	11	9	2,10	1,77	17	3,30	11×24	17	23,6	80	18	2	869	315
1125					19	3,30	11×25	18	24,6		18	4	1069	367
1126					20	3,50	11×26	19	25,6		20	6	1299	423
1222					14	3,20	12×22	14	21,6		16	0	373	190
1223					15	3,20	12×23	15	22,6		16	0	482	227
1224					16	3,20	12×24	16	23,6		16	2	611	269
1225	12	10	2,30	1,96	17	3,20	12×25	17	24,6	90	18	2	761	314
1226					18	3,50	12×26	18	25,6		18	4	936	364
1227					20	3,50	12×27	19	26,6		20	6	1136	418
1322					14		13×22	14	21,7		16	0	285	158
1323					15		13×23	15	22,7		16	0	373	192
1324					16	3,40	13×24	16	23,7		16	2	479	229
1325	13	11	2,50	2,16	17		13×25	17	24,7	100	18	2	602	270
1326					18		13×26	18	25,7		18	4	745	314
1327					19		13×27	19	26,7		20	4	909	363
1328					20	3,60	13×28	20	27,7		20	6	1098	415
1423					14		14×23	14	22,6		16	0	249	163
1424					15		14×24	15	23,6		16	0	328	196
1425					16		14×25	16	24,6		16	2	421	233
1426	14	12	2,65	2,32	17	3,60	14×26	17	25,6	105	18	2	530	273
1427					18		14×27	18	26,6		18	4	656	316
1428					19		14×28	19	27,6		20	4	801	364
1429					20		14×29	20	28,6		20	6	966	415
1430					21	3,80	14×30	21	29,6		22	6	1154	471
1525					15		15×25	15	24,6		16	0	288	201
1526					16		15×26	16	25,6		16	2	371	238
1527					17		15×27	17	26,6		18	2	468	277
1528	15	13	2,80	2,47	18	3,80	15×28	18	27,6	110	18	4	581	320
1529					19		15×29	19	28,6		20	4	710	367
1530					20		15×30	20	29,6		20	6	857	417
1531					21		15×31	21	30,6		22	6	1024	471
1626					15		16×26	15	25,6		16	0	258	207
1627					16		16×27	16	26,6		16	2	335	243
1628					17		16×28	17	27,6		18	2	424	282
1629	16	14	3,00	2,67	18	4,00	16×29	18	28,6	120	18	4	528	325
1630					19		16×30	19	29,6		20	4	646	371
1631					20		16×31	20	30,6		20	6	742	420
1632					21		16×32	21	31,6		22	6	933	473

Erläuterungen

Mit der Überarbeitung der Norm über *H o l z m a s t e* (DIN 48 350) und der damit eingeführten Bemessung der Holzmasten nach Fußmaß ergab sich die Notwendigkeit, auch die *A - M a s t - T a b e l l e* neu zu bearbeiten. Die neue A-Mast-Tabelle mußte im übrigen nicht nur auf die neuen Holzmast-Abmessungen nach DIN 48 350 abgestellt werden, die Bemessung der A-Maste mußte vielmehr auch bezüglich der Windbelastung der Neufassung der Vorschriften für den Bau von Starkstrom-Freileitungen (VDE 0210) angepaßt werden.

Die A-Mast-Tabellen wurden bisher von der Bundespost als „Tafeln für Regel-A-Maste" herausgegeben. Es erschien jedoch angebracht, auch für den A-Mast eine DIN-Norm aufzustellen. Die neue Norm über A-Maste für Starkstrom-Freileitungen (DIN 48 351) ersetzt die Regel-A-Mast-Tabellen der Deutschen Bundespost.

Die Bundespost unterschied zwischen Regel-A-Masten mit *K a n t* holzzangen bei verschiedener und gleicher Spreizung und Regel-A-Masten mit *R u n d* holzzangen bei verschiedener Spreizung. Eine Vereinheitlichung der Bauweise der A-Maste zum Einsparen der Kosten erschien wünschenswert.

Um möglichst hohe Werte des Nutzzuges an der Mastspitze zu erreichen, wurde bisher schon immer dem A-Mast mit verschiedener Spreizung der Vorzug gegeben. Der A-Mast mit Kantholzzangen erfordert erhebliche Kosten für das besondere Herrichten der Kantholzzangen und ihr Einpassen in die Einzelstangen des Mastes. Aus diesem Grund sind nach der neuen Norm einheitlich nur noch A-Maste mit Rundholzzangen und verschiedener Spreizung vorgesehen. Für die Bezeichnung konnten daher die Worte *R e g e l -* und *m i t R u n d h o l z - z a n g e n* entfallen. Die Norm hat daher den Titel *A - M a s t e*.

Die Berechnungsart der A-Maste wurde bei der Aufstellung der Norm eingehend geprüft. Die Werte der Windbelastung wurden auf die neuen VDE-mäßigen Werte abgestellt. Da die Länge der Maste nicht über 15 m über Gelände hinausgeht, konnte der verringerte Staudruckwert von 55 kg/m² zugrunde gelegt werden. Als äußere Last wurde bisher nur der Winddruck angesetzt. Es schien jedoch erforderlich, für die Berechnungsannahmen auch bei A-Masten die Tafel 6 des § 17 von VDE 0210 anzuwenden und damit das Eigengewicht der Maste, Querträger und der Leitungen einschließlich Eisbehang sowie der Isolatoren mit in Ansatz zu bringen. Der A-Mast wird für Leitungen verschiedenster Belegung und Feldlängen eingesetzt. Es konnte daher für das Eigengewicht der Querträger, der Leitungen einschließlich Eisbehang sowie der Isolatoren nur ein Durchschnittswert angenommen werden, der ungefähr den voraussichtlichen Verhältnissen am Einbauort des A-Mastes entspricht. Bei den stärksten Masten wurde ein Gewicht von 400 kg angesetzt, das sich für A-Maste geringerer Abmessungen nach unten bis 250 kg staffelt. Für den Winddruck auf die Kopfausrüstung und den Riegel sowie für das Gewicht des Riegelholzes wurden ebenfalls Einheitswerte festgelegt, die den ungefähren tatsächlichen Verhältnissen entsprechen.

Die einzelnen Stangen wurden nach §§ 21 und 22 von VDE 0210 berechnet. Auf ein Zusammensetzen der Beanspruchung der Stangen, insbesondere das Anwenden des ω-Verfahrens, wie es für die Stäbe von Stahlgittermasten üblich ist, wurde verzichtet, um die Rechenweise zu vereinfachen, zumal in der angewendeten Rechenweise die entsprechende Sicherheit einkalkuliert ist. Bei der Berechnung der Beanspruchung des Mastes durch Wind senkrecht zur A-Mast-Ebene wurde ebenfalls das Gewicht des Mastes und der Kopfausrüstung berücksichtigt. Die Berechnung der Gründung mußte überarbeitet werden, weil bei den A-Masten mit Rundholzzangen keine Fundamentplatten vorgesehen sind, auf denen Erdlast aufliegt. Die Formel für das auflastende Erdreich wurde auf der Grundlage der früheren Rechenweise neu entwickelt, indem entsprechende Annahmen für die Flächen des aufliegenden Erdreiches gemacht wurden. Der Berechnung wurde im übrigen tragfähiger Baugrund nach § 28, Tabelle 9 von VDE 0210 mit einer zulässigen Bodenpressung von mindestens 2 kp/cm² und einem Raumgewicht des auflastenden Erdreichs von 1600 kp/m³ zugrunde gelegt. Die Berechnung der Gründung wurde durch Versuchsreihen über die Standsicherheit der A-Masten in verschiedenen Bodenarten überprüft. Danach sind bei weniger tragfähigen Böden auf jeden Fall zusätzliche Maßnahmen für die Gründung der A-Maste erforderlich, deren Erfassung in einer Norm zu weit führen würde.

Die Norm sieht eine Maßzeichnung des Mastes und auf Seite 2 eine Zahlentafel vor.

3.3 Holzmaste

Die Auswahl der Holzmaste, deren Länge so bemessen sein sollte, daß in der Leitungsführung nicht zu große Höhenunterschiede auftreten, erfolgt an Hand der nachfolgenden Tabellen und Berechnungsunterlagen für den Nutzzug.

Maste mit geringerem Zopfdurchmesser als 15 cm sollte man nicht verwenden, auch wenn der Nutzzug geringere Abmessungen zulassen würde.

Berechnung des Nutzzuges

(siehe auch Spalte 5 u. Anmerkung 5 DIN 48350)

Der Nutzzug an der Mastspitze ist gleich dem Winddruck auf die Leiterseile zu setzen.

$$N = c \cdot q \cdot a \cdot \Sigma\, d \text{ (kg)},$$

18

wobei für c als Staudruckbeiwert 1,2 (für Leitungen bis 12,5 mm Durchmesser) und für q als Staudruck 44 kg/mm² gemäß VDE 0211/2.58 § 15 eingesetzt werden, wenn die Leitungen bis 15 m über Gelände liegen.

a ist der Mastabstand in m und Σd ist gleich der Summe der Durchmesser aller am Mast verlegten Leitungen in m.

Danach vereinfacht sich die Formel für den Nutzzug in:

$$N = 52,8 \cdot a \cdot \Sigma d \ (\text{kg}).$$

Als gefälligerer Ersatz der unschönen Holz-A-Maste und für besonders beanspruchte Abspannpunkte werden im Ortsnetzbau gerne Schleuderbeton- oder Gitter- oder Stahlrohrmaste verwendet. Wegen der unterschiedlichen Spitzenzüge muß man aber diese Maste von Fall zu Fall bei den Herstellerfirmen anfragen.

3.4 Dachständer

Als Dachständer genügen überwiegend 3"-Siederohre, an Kreuzungspunkten und dort wo hohe Zugbelastungen zu erwarten sind, werden aus Sicherheitsgründen 3¹/₂"-Rohre verwandt. Für die Befestigung des Dachständers am Gebälk wird Bauholz mit den Abmessungen 1,50 m × 10 × 12 cm und 12 × 14 cm verarbeitet.

3.5 Anker

Jeder nicht in der geraden Flucht stehende Stützpunkt muß 1 unter Umständen auch 2 Anker erhalten. Bei Leitungsverjüngungen kommen auch Anker in der geraden Flucht vor. Die Zugkraft ist rechnerisch zu ermitteln und die Ankerrichtung mittels eines Kräfteparallelogrammes zeichnerisch festzulegen. Um Überraschungen bei der Bauausführung zu vermeiden, achte man darauf, daß die Ankerrichtung genau eingehalten wird und überlasse die Festlegung nicht dem Gefühl der Monteure.

Als Material für die Anker verwendet man 16-mm-Rundeisen oder Stahlseile mit 70 mm² Querschnitt und Dauerzugfestigkeit von mindestens 32 kg/mm². Die zulässige Zugkraft für einen Anker beträgt 2000 kg.

Für die Befestigungen der Ankerfußlasche sollte mindestens ein 1,50 m langes Bauholz 10 × 12 cm vorgesehen werden.

An den nachfolgenden Beispielen wird die Berechnung der Zugkraft und der Ankerrichtung gezeigt, ebenfalls ein Beispiel für eine statische Berechnung wie sie z. B. von der Eisenbahn bei Überkreuzungen des Bahngeländes gefordert wird.

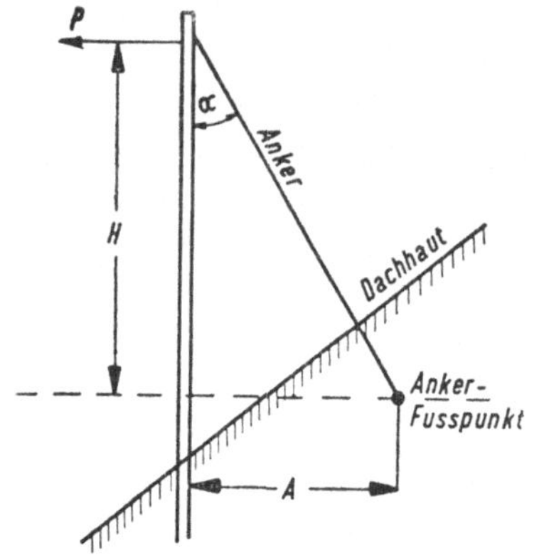

Ermittlung der Zugkraft im Anker

Die Zugkraft im Anker wird errechnet nach der Formel:

$$Z = \frac{P}{\sin \alpha}$$

oder anders geschrieben

$$Z = P \cdot \frac{1}{\sin \alpha}$$

Die wirksame Kraft aus den Leitungszügen (Anzahl · Querschnitt · Zugspannung) läßt sich vorher bestimmen, der ∢ α aber ist abhängig von den örtlichen Gegebenheiten für die Anordnung des Ankerfußpunktes. Die Zugkraft im Anker kann daher in den meisten Fällen erst an Ort und Stelle errechnet werden. Zu diesem Zweck werden die Größen von:

H = senkrechter Abstand des Angriffspunkt der Zugkraft P von der durch den Ankerfußpunkt verlaufenden Waagerechten und

A = waagerechter Abstand des Ankerfußpunktes von der Senkrechten H

durch Messung ermittelt.

Der ∢ α läßt sich dann bestimmen aus: $\dfrac{H}{A} = \operatorname{cotg} \alpha$

Der mit dem jeweiligen ∢ α errechnete Wert für $\dfrac{1}{\sin \alpha}$ kann aus der nachstehenden Tabelle hinter dem Zahlenwert für $\dfrac{H}{A} = \operatorname{cotg} \alpha$ sofort abgelesen und dann in obige Formel eingesetzt werden,

$\frac{H}{A} = \operatorname{cotg} \alpha$	$\frac{1}{\sin \alpha}$	$\frac{H}{A} = \operatorname{cotg} \alpha$	$\frac{1}{\sin \alpha}$	$\frac{H}{A} = \operatorname{cotg} \alpha$	$\frac{1}{\sin \alpha}$
0,1	1,01	1,1	1,50	2,1	2,35
0,2	1,02	1,2	1,58	2,2	2,44
0,3	1,05	1,3	1,66	2,3	2,53
0,4	1,09	1,4	1,74	2,4	2,62
0,5	1,13	1,5	1,82	2,5	2,70
0,6	1,18	1,6	1,90	2,6	2,80
0,7	1,24	1,7	2,00	2,7	2,88
0,8	1,30	1,8	2,08	2,8	2,98
0,9	1,36	1,9	2,18	2,9	3,06
1,0	1,44	2,0	2,26	3,0	3,15

Beispiel 1

Dachständeranker am Ende einer Leitung von $4 \times 35\ \text{mm}^2$ Aldrey $H = 6\ \text{m}$
$A = 3\ \text{m}$

Leitungszug $=$ Anzahl $\times$ Querschnitt $\times$ Zugspannung

$$P = 4 \cdot 35 \cdot 4 = 560\ \text{kg}$$

$$\frac{H}{A} = \frac{6,0}{3,0} = 2 \qquad \frac{1}{\sin \alpha} = 2,26$$

Die Zugkraft im Anker ist also

$$Z = 560 \cdot 2,26 = 1265,6\ \text{kg}$$

Es genügt 1 Anker, da seine zulässige Zugkraft 2000 kg beträgt.

Beispiel 2

An einem Dachständer verjüngt sich die Leitung von $4 \times 50\ \text{Cu}$ auf
$4 \times 16\ \text{mm}^2\ \text{Cu}$. $H = 4,5\ \text{m}$ $\qquad A = 2,5\ \text{m}$

Nach der einen Seite wirken $P_1 = 4 \cdot 50 \cdot 12 = 2400\ \text{kg}$
Nach der anderen Seite $\qquad P_2 = 4 \cdot 16 \cdot 12 = \underline{770\ \text{kg}}$

$$\text{Differenz} = 1630\ \text{kg}$$

$$\frac{H}{A} = \frac{4,5}{2,5} = 1,8 \qquad \frac{1}{\sin \alpha} = 2,08$$

Zugkraft im Anker $Z = 1630 \cdot 2,08 = 3400\ \text{kg}$.

Da die zulässige Zugkraft eines Ankers nur 2000 kg beträgt, sind also 2 Anker
zu verwenden, die man im spitzen Winkel anordnet. Richtung der Anker nach
dem Kräfteparallelogramm er-
mitteln, wobei in diesem Falle
die Resultierende bekannt ist
und jeder Anker 2000 kg Zug
aufnehmen kann.

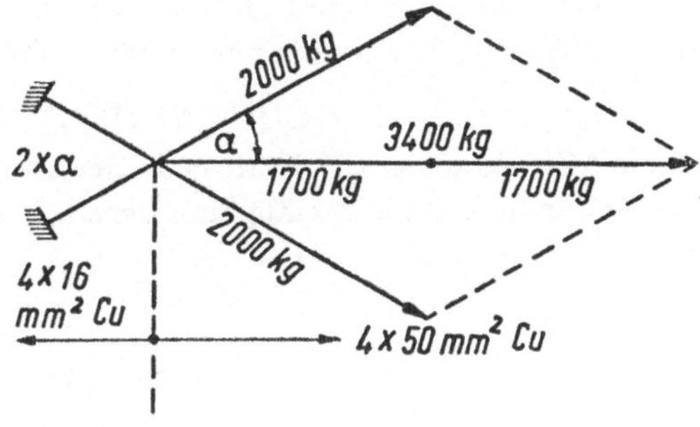

$$\cos \alpha = \frac{1700}{2000} = 0,85$$

$$\alpha = 31°$$

Der spitze Winkel zwischen den Ankern darf also nicht mehr als 60° betragen.

Von einem Dachständer gehen 3 Leitungszüge ab.

Leitungszug   I: $4 \cdot 50 \cdot 12 = 2400$ kg
Leitungszug II: $4 \cdot 25 \cdot 12 = 1200$ kg
Leitungszug III: $4 \cdot 10 \cdot 12 =\ \ 480$ kg

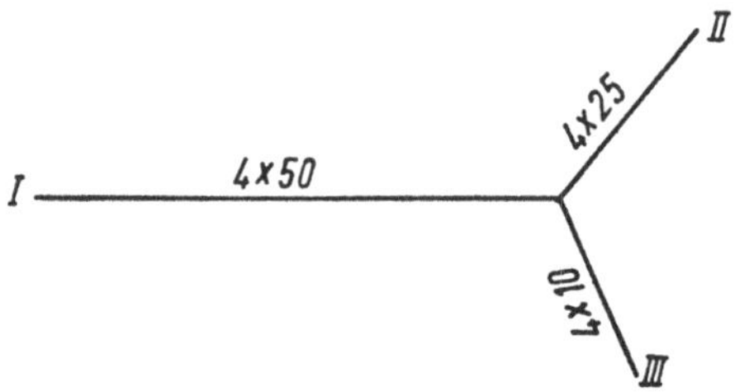

Mit dem Kräftemaßstab z. B. 1 cm = 400 kg werden die Kräfte in den gleichen Winkeln aufgezeichnet und die Kräfteparallelogramme gebildet.

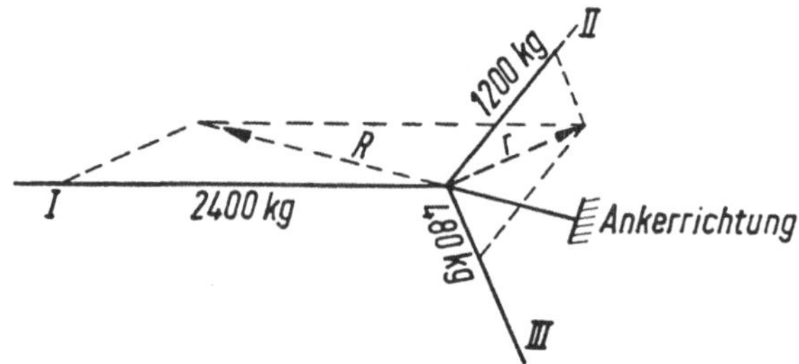

Aus der Kraft II zusammen mit III ergibt sich ein Parallelogramm mit der resultierenden Kraft r und diese wieder mit der noch übriggebliebenen Kraft *I* ein zweites Parallelogramm mit der Haupt-Mittelkraft R.

$$R = 3,3 \cdot 400 = 1320 \text{ kg}$$

Diese Mittelkraft ist die Kraft P. In der entgegengesetzten Richtung muß der Anker zur Aufnahme der Zugkraft liegen.

$$\frac{H}{A} = \frac{5,0}{4,5} = 1,1 \qquad \frac{1}{\sin \alpha} = 1,5$$

$$Z = 1320 \cdot 1,5 = 1980 \text{ kg}$$

Es genügt also 1 Anker, da die zulässige Zugkraft von 2000 kg nicht überschritten wird.

Statischer Nachweis für einen Stützpunkt einer Niederspannungs-Bahnkreuzung

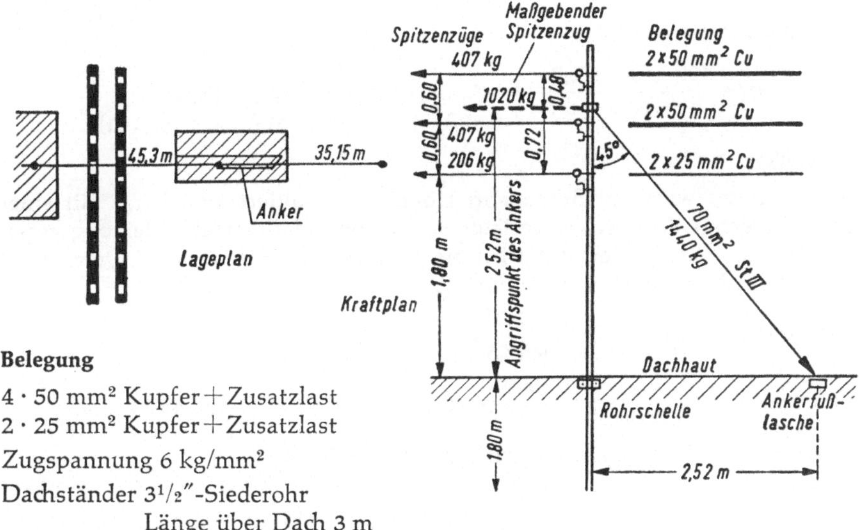

Belegung

4 · 50 mm² Kupfer + Zusatzlast
2 · 25 mm² Kupfer + Zusatzlast
Zugspannung 6 kg/mm²
Dachständer 3¹/₂″-Siederohr
      Länge über Dach 3 m

Vertikallast

Belastungslänge: $L_v = \dfrac{(45{,}3 + 35{,}15)}{2} \cong 40{,}5 \text{ m}$

Ausleger I und II

L_v · 2 · 2 Seile 50 mm² = 40,5 · 4 · 0,9761 = 158 kg
Ausleger I und II und Isolatoren   =   15 kg

Ausleger III

L_v · 2 Seile 25 mm²   = 40,5 · 2 · 0,6672 =   54 kg
Ausleger III und Isolatoren   =   7 kg

Dachständer $\cong$ 28 kg

Summe Vertikallast = 262 kg

Waagerechte Belastung

Kreuzungsfeld: 4 · 50 · 6 + 2 · 25 · 6 = 1500 kg ⎫
Nachbarfeld: 4 · 50 · 6 + 2 · 25 · 6 = 1500 kg ⎬ Spitzenzug
Wind auf Ständerkopf: $\cong$ 20 kg ⎭

Für die Berechnung maßgebend laut VDE 0210 § 35g, 2,2:

$$\frac{2}{3}\, Z + \text{Winddruck} = \frac{2}{3} \cdot 1500 + 20 \qquad = 1020 \text{ kg}$$

Angriffspunkt des Ankers

$$\eta = \frac{407 \cdot (0,6 + 1,2)}{1020} = 0,72 \text{ m (über der unteren Traverse)}$$
$$\text{oder} = 2,52 \text{ m über Dach } (1,80 + 0,72 \text{ m})$$

1. Zuganker

Der Zuganker wird am Ständer in Höhe der resultierenden Kraft mit einer Lasche befestigt. Der Anker verläuft in Richtung Nachbarfeld. Neigung gegen die Vertikale $= 45°$. Gewählt wird ein Stahlseil mit $F = 70$ mm² Querschnitt und einer Prüffestigkeit von 120 kg/mm².

Zugbeanspruchung $\qquad Z = \dfrac{1020}{\sin 45°} = 1440 \text{ kg}$

Zulässige Spannung $\qquad \sigma_Z = \dfrac{1440}{70} = 20,6 \text{ kg/mm}^2 < 50\,\%$ von 45 kg/mm²

Regulierung des Ankers mit einem Spannschloß M 16

Kernquerschnitt $\qquad F_K = 1,41 \text{ cm}^2$

Zulässige Spannung $\qquad \sigma_Z = \dfrac{1440}{1,41} = 1022 \text{ kg/cm}^2$

Für den Anschluß des Ankers an der Schwelle wird eine Ankerfußlasche nach DIN 48170 verwendet. Diese wird mit 2 Schrauben M 16 und 2 Geka-Dübeln $\varnothing$ 65 mm angeschlossen.

$Z_V = Z_H = 1020 \text{ kg}$

Aufnehmbar

Horizontal: 2 Geka $\varnothing$ 65 $\quad 2 \cdot 1150 = 2300 \text{ kg} > 1020 \text{ kg}$
Vertikal: 2 Bolzen M 16 $\quad 2 \cdot 1,41 \cdot 1100 = 3100 \text{ kg} > 1020 \text{ kg}$

2. Dachständer

Als Dachständer wird ein nahtloses Flußstahlrohr $3^{1}/_{2}''$ nach DIN 2448 verwendet.

Außendurchmesser	$D =$	8,90 cm
Innendurchmesser	$d =$	8,25 cm
Wandstärke	$t =$	0,325 cm
Materialfläche	$F =$	8,76 cm²
Widerstandsmoment	$w =$	18,11 cm³
Trägheitsmoment	$J =$	80,59 cm⁴
Trägheitshalbmesser	$i =$	3,03 cm

Biegebeanspruchung des Ständers in Höhe des Ankers

$$\sigma_b = \frac{407 \text{ kg} \cdot 48 \text{ cm}}{18,11 \text{ kg/cm}^2} = 1080 \text{ kg/cm}^2$$

Knickbeanspruchung des Ständers

Vertikallast: aus dem Anker $\qquad P = 1020 \text{ kg}$

vereiste Seile + Eigengewicht $\qquad \cong\ \ 280 \text{ kg}$

$$P \cong 1300 \text{ kg}$$

Länge $\qquad$ Schlangheitsgrad $\quad$ Knickzahl (VDE 0210 §24)

$$l = 252 \text{ cm} \qquad \lambda = \frac{252}{3,03} = 83 \ \approx \ \omega = 1,59$$

$$\sigma_d = \frac{1300 \cdot 1,59}{8,76} = 236 \text{ kg/cm}^2.$$

3. Traversen

Als ungünstigster Fall wird die obere bzw. mittlere Traverse nachgewiesen:

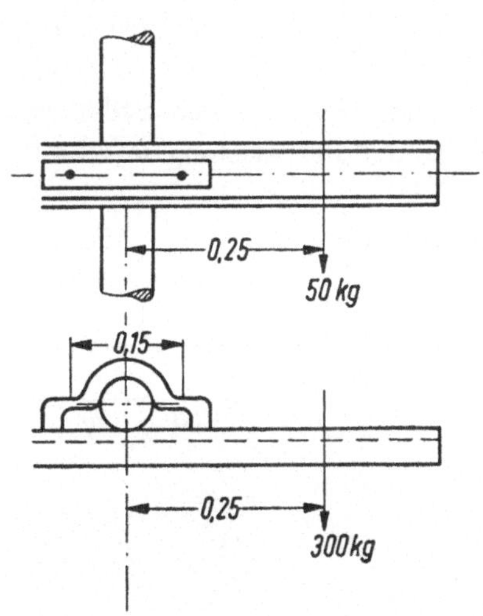

Senkrechte Belastung

1 Leiterseil vereist
$40,5 \cdot 0,9761$ $\qquad \cong 40 \text{ kg}$
Ausleger und Isolatoren $\qquad \cong 10 \text{ kg}$
Zusammen $\qquad \cong 50 \text{ kg}$

Waagerechte Belastung

$H = 50 \cdot 6$ $\qquad = 300 \text{ kg}$
(mittig im Untergurt angreifend)
U-Träger $6^1/_2$

Materialfläche $F_b = 9,03 \text{ cm}^2$

Widerstandsmoment $W_x = 17,7 \text{ cm}^3$
$$W_y = 5,07 \text{ cm}^3$$

Biegemoment aus senkrechter Belastung
$$M_b = \ 50 \cdot 25 = 1250 \text{ kg cm}$$

Biegemoment aus waagerechter Belastung
$$M_b = 300 \cdot 25 = 7500 \text{ kg cm}$$

Gesamtbeanspruchung aus senkrechten und waagerechten Belastungen

$$\sigma = \frac{1250}{17,7} + \frac{7500}{5,07} = 71 + 1479 = 1550 \text{ kg/cm}^2$$

Der Querträger ist am Dachständer mit einer Schelle S 89 DIN 48170 und Schrauben M 16 bei reichlicher Sicherheit angeschlossen.

4. Weiterleitung des Ankerzuges im Dach

Ankerzug $Z = 1440 \text{ kg}$

Vertikal- und Horizontalkomponente $Z_{L'} = 1440 \cdot 0{,}707 = 1020 \text{ kg}$

Dachneigung $\sim 30\,°$

$Z_{L'} \cdot \sin 30\,° = 1020 \cdot 0{,}5 \quad = 510 \text{ kg} = Z_{vy}$

$Z_{L'} \cdot \cos 30\,° = 1020 \cdot 0{,}866 = 885 \text{ kg} = Z_{vy}$

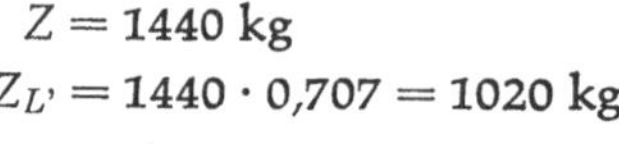
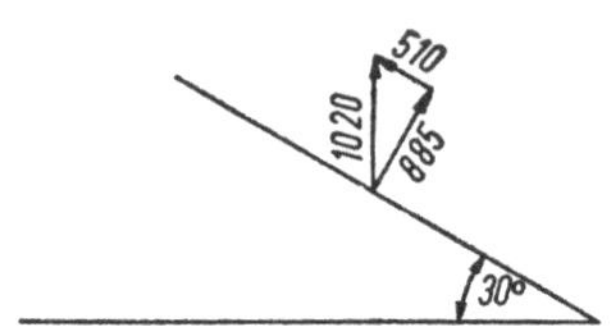

Dachgewicht einschließlich Sparren, Lattung
usw. (ohne Schnee)

Schwellen 16/20 cm über 5 Spannfelder

Lastfläche:

$F \quad\quad = 4{,}50 \cdot 3{,}70 \quad\quad\quad\quad = 16{,}65 \text{ m}^2$

$G \quad\quad \cong 16{,}65 \cdot 90 \quad\quad\quad\quad = 1500 \text{ kg}$

$G_{v'} \quad = 1500 \cdot 0{,}866 \quad\quad\quad = 1300 \text{ kg} > 1020 \text{ kg} \ (Z_{L'})$

$G_{H'} \quad = 1500 \cdot 0{,}5 \quad\quad\quad\quad = 750 \text{ kg}$

Hierbei ist nicht berücksichtigt, daß die Sparren mit der Mittel- und Fußpfette
vernagelt und die Pfetten mit der übrigen Dachkonstruktion verbunden sind.

Ferner kann angenommen werden, daß bei der zu Grunde gelegten Ausgangs-
spannung von $\sigma_1 = 6 \text{ kg/mm}^2$ infolge einer Zusatzlast auf den Seilen von
$0{,}180 \sqrt{d}$ in kg/m das Dach ebenfalls eine zusätzliche Belastung infolge Eis
oder Schnee erhält.

Nachweis der Schwelle 16/20 cm

$Z_v \quad\quad = 1020 \text{ kg}$

$Z_{vx} \quad = 885 \text{ kg}$

$Z_{vy} \quad = 510 \text{ kg}$

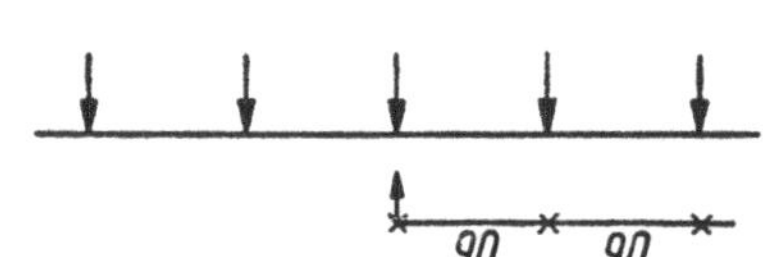

Je Sparren entfallen:

$x - x : 885 \cdot 0{,}2 \quad\quad\quad = \quad 177 \text{ kg}$

$y - y : 510 \cdot 0{,}2 \quad\quad\quad = \quad 102 \text{ kg}$

$M_x = 177 \cdot (90 + 180) = 47800 \text{ cm kg}$

$M_y = 102 \cdot (90 + 180) = 27500 \text{ cm kg}$

$$\sigma_{\max} = \frac{47800}{1067} + \frac{27500}{853} = 45 + 32 = 77 \text{ kg/cm}^2$$

Druckbeanspruchung gering.

Die Horizontalkomponente aus dem Ankerzug parallel den Sparren mit 510 kg
wirkt der Komponente aus der Dachlast entgegen.

Senkrecht zur Sparrenlage wirken aus dem Ankerzug $\sim$ 1020 kg. Die Schwelle 16/20 zur Aufnahme des Ankerzuges verläuft über 5 Sparrenfelder.

Befestigungen mit den Sparren durch je einen Bolzen M 16.

Aufnahme: $170 \cdot 1{,}6^2 \cdot 0{,}75 \cdot 5 = 1630 \text{ kg} > 1020 \text{ kg}$

Durch die Sparren wird diese Last auf die mit der Dachkonstruktion bzw. dem Mauerwerk verbundenen Pfetten übertragen.

Unter dem Ständer verläuft eine Fußschwelle 12/14 cm, welche die Vertikallast von 1300 kg auf 3 Balken überträgt.

Die Berechnung hat gezeigt, daß die vorgesehene Ausführung so kräftig geplant ist wie sie den Sicherheitsbestimmungen der Bahn zu entsprechen hat.

3.6 Bodenklassen

Beim Stellen der Maste und Verlegen der Kabel und Erdungen fallen Erdarbeiten an. Je nach Bodenklasse ist für die Erdarbeiten der Schwierigkeitsgrad verschieden und im Angebotspreis zu berücksichtigen.

Nachstehend die Einteilung der Bodenklassen nach DIN 18 300:

2.21 Mutterboden

Mutterboden ist die oberste Schicht des belebten Bodens, die besonders reich an Bodenlebewesen und Humus oder Ton ist. Sie kann bis 40 cm dick sein.

2.22 Wasserhaltender Boden

Bodenarten, die wegen ihres hohen Wassergehaltes von weicher bis fließender Beschaffenheit sind und das Wasser schwer abgeben, z. B. Schlamm und Schluff.

2.23 Leichter Boden

Nichtbindige Sande und Kiese bis zu 70 mm Korngröße bei denen keine oder nur geringe Bindung mit lehmigen oder tonigen Bodenarten vorhanden ist.

2.24 Mittelschwerer Boden

Bodenarten, die in naturfeuchtem Zustand einen erheblichen Zusammenhang haben, z. B. stark lehmiger Sand, sandiger Lehm, Lehm, Mergel, Löß und Lößlehm. Diese Bodenarten können noch mit dem Spaten bearbeitet werden. Außerdem Bodenarten der Bodenklasse nach Abschnitt 2,23 über 70 mm Korngröße z. B. Gesteinsschotter, Geröll und Steine, soweit diese nicht unter Abschnitt 2,25 fallen.

2.25 Schwerer Boden

Bodenarten mit festem Zusammenhang und von zäher Beschaffenheit z. B. fetter, steifer Ton. Bodenarten der Bodenklasse nach Abschnitt 2,24 die stark ausgetrocknet sind. Diese Bodenarten können mit dem Spaten nicht mehr bearbeitet werden, sondern müssen besonders aufgelockert werden. Außerdem Bodenarten der Bodenklasse nach Abschnitt 2,24 die stark mit Geröll, Geschiebe und Steinen bis 200 mm Durchmessser durchsetzt sind, z. B. Bauschutt und festgelagerte Schlacke.

2.26 Leichter Fels

Locker gelagerte Gesteinsarten, die stark klüftig, bröckelig, brüchig, schiefrig oder verwittert, Sand- oder Kiesschichten, die durch chemische Vorgänge verfestigt und Mergelschichten, die mit Steinen über 200 mm Durchmesser stark durchsetzt sind. Diese Bodenarten müssen noch ohne Bohr- und Sprengarbeiten gelöst werden können.

2.27 Schwerer Fels

Festgelagerte Gesteinsmassen, die nur durch Bohr- und Sprengarbeiten zu lösen sind, sowie Schlackenhalden der Hüttenwerke und Findlinge oder Gesteinstrümmer über 0,1 m³ Rauminhalt.

4 Netzentwurf

Nachdem die Vorarbeiten abgeschlossen und alle grundsätzlichen Fragen geklärt sind, kann mit dem Netzentwurf begonnen werden.

4.1 Stationsstandorte und Versorgungsgebiete

Um bei der Stationsfestlegung entsprechend der Wohndichte und der Flächenbelastung beliebig variieren zu können, trägt man auf Transparentpapier oder durchsichtiger Zeichenfolie entsprechend dem Maßstab des Ortsplanes Kreise mit gleichem Mittelpunkt mit den verschiedenen Stationsradien auf und bezeichnet sie deutlich mit Radius und Wohndichten- oder Flächenbelastungsangaben. Ein solches Kreisblatt wird ausgeschnitten und erhält noch ein Loch in der Mitte etwa in Größe eines Zweipfennigstückes. Vorteilhaft fertigt man sich eine Reihe solcher Kreisblätter an und kann dann auf der 2. Lichtpause das gesamte Versorgungsgebiet damit abdecken und kann entsprechend mit dem für den jeweiligen Bezirk nach Wohndichte oder Flächenbelastung in Frage kommenden Radius variieren. Zunächst beginnt man bei den vorhandenen Stationen, die in der Kreisöffnung in der Mitte des Blattes erscheinen müssen. Nun geht man daran die dazwischen liegenden oder anliegenden Gebiete abzudecken, so daß nach Möglichkeit wenig toter Raum bleibt. Die Kreisblätter werden sich je nach gewähltem Radius mehr oder weniger dabei überschneiden. Jetz gilt es diese kreisrunden Gebilde auf Grund der örtlichen Gegebenheiten sinnvoll gegeneinander abzugrenzen. Möglichst wird man Straßenzüge als Begrenzung wählen, einmal um das Netz übersichtlich zu gestalten und zum zweiten, um die Überwachung und Instandhaltung zu erleichtern und drittens um bei Abschaltungen klare Trennungsgrenzen zur Vermeidung von Unfällen bei Arbeiten am Netz zu schaffen. Man wird also bestrebt sein, die Überschneidungen so zu schieben, daß sie mit einem Straßenzug, Flußlauf oder sonst auffallenden Grenzen zusammenfallen.

Ist man so zu einem befriedigenden Ergebnis gekommen, dann markiert man sich die ermittelten Stationsstandorte, die zweckmäßig in der Nähe von Straßenkreuzungen liegen sollten, durch die ausgeschnittenen Löcher auf der darunterliegenden Lichtpause und schreibt den Stationsradius dazu. Nun kann man mit dem Zirkel darangehen und die Kreise leicht um die so ermittelten idealen Stationsstandorte ziehen. Wieder mit Buntstift grenzt man nun die Versorgungsgebiete unter Benutzung von Straßenzügen und Häuservierecken gegeneinander ab.

Dieser 1. Entwurf wird auf einer 3. Lichtpause zeichentechnisch einwandfrei übertragen, denn er bildet die Grundlage, um mit dem Auftraggeber an Ort und Stelle zu prüfen und festzulegen, ob die ermittelte Verteilung in der Praxis d. h. nach den örtlichen Gegebenheiten und den Wünschen des Auftraggebers durchführbar ist.

Handelt es sich um größere Versorgungsnetze mit zahlreichen Trafostationen, dann wird man zweckmäßg wie später näher im Abschnitt 6.3 ausgeführt ist, die besten Stationsstandorte mit dem Netzmodellgerät ermitteln.

Letzten Endes wird sich zeigen, daß zwischen Theorie und Praxis ein Kompromiß geschlossen werden muß, aus dem das technisch Beste herauszuholen immer eine dankbare Aufgabe des Ingenieurs sein wird.

4.2 Stationsabgänge

Nachdem die Stationsstandorte festliegen zunächst ein Wort über die Ausführung und die Abgänge von den Trafostationen.

In ländlichen Bezirken wird die herkömmliche Bauweise der turmartigen Trafostationen auch weiterhin vorherrschen, um die Hochspannung als Freileitung heranführen zu können.

In geschlossenen Wohngebieten ist dies nicht immer möglich, so daß die Zuleitung durch ein Hochspannungskabel erfolgen muß. Die Trafostation kann also in diesem Falle flach und unauffällig auf einen Platz, der auch abseits der Niederspannungs-Freileitung liegen kann, erstellt werden. Die Niederspannungsabgänge erfolgen dann auch in Kabel. Auf diese Weise lassen sich die sehr unschönen Straßenüberkreuzungen, die sich sonst in der Nähe der Stationen häufen, vermeiden. Überhaupt sollte eine Straße nur selten überkreuzt werden und wenn, dann selbstverständlich möglichst nur senkrecht, niemals im spitzen Winkel. Auch der Verlauf der Freileitungen hat Rücksicht darauf zu nehmen, daß das Orts- und Straßenbild nicht durch unschöne Leitungsführung beeinträchtigt wird.

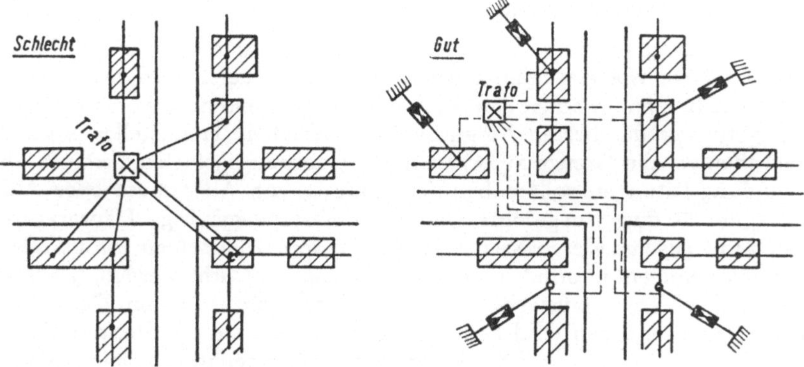

Der Übergang von Kabel auf Freileitung erfolgt am besten an einem Holzmast, der z. B. zwischen 2 Häusern in den Leitungszug gestellt wird. Es lassen sich auch 2 oder mehrere Kabel zu dem Mast führen, so daß von dem Mast dann 2 oder 3 getrennte Stromkreise abgehen können. Kann kein geeigneter Platz für einen Mast gefunden werden, dann muß das Kabel innerhalb eines Hauses oder an der Rückfront zum Dachständer hochgeführt werden. Die Kunststoffkabel der Type NYY fallen bei geschickter Leitungsführung kaum auf.

Wie unter dem nächsten Kapitel näher ausgeführt, ist der Sternpunktleiter an diesem 1. Stützpunkt zu erden.

4.3 Erdungen und Überspannungsschutz

Zu einem betriebssicheren Netz gehört auch eine gut durchgeführte Erdung des Sternpunktleiters. Der Sternpunktleiter ist ebenso sorgfältig wie der Außenleiter zu verlegen, isoliert aus der Trafostation herauszuführen und etwa 20 m vom Hochspannungsschutzerder entfernt zu erden. (Ausführungsbeispiele für Erdungen siehe VDE 0100/11.58 § 17N).

Aus rein wirtschaftlichen Gründen wird die Erdung an dem der Station am nächsten liegenden Stützpunkt, möglichst einem Holzmast, durchgeführt. Gleichzeitig werden an dieser Stelle auch Überspannungsableiter eingebaut und an die gleiche Erde mit angeschlossen.

Weitere Erdungen mit Überspannungsschutz sind möglichst nahe am Ende der einzelnen Netzausläufer einzubauen. Im Netz selber sollte mindestens alle 150 m eine Erdung mit Überspannungableiter, vorzugsweise an Verteilerknotenpunkten, vorgesehen werden. In Zweifelsfällen sehe man lieber eine Erdung mehr als zu wenig vor, das Netz kann dadurch nur betriebssicherer werden. Ist ein metallenes Wasserrohrnetz vorhanden, so m u ß der Nulleiter an möglichst vielen Stellen mit dem Wasserrohrnetz verbunden werden. Siehe VDE 0100/11.58 § 10N).

4.4 Stromkreiseinteilung und Leitungsplan

Nun die Leitungsführung selbst, je sauberer und klarer, je besser. Niemals sollte ein Netz wie ein Spinngewebe aussehen. Zuerst wird man die Verbindungsleitungen zwischen den Stationen dort einzeichnen, wo sich für deren Leitungsfürung die besten Möglichkeiten anbieten. Trennstellen sind dort vorzusehen wo die Grenze zwischen den Versorgungsgebieten verläuft. Diese Verbindungsleitungen sollten bei Verwendung von Aluminium oder Aldrey nicht unter 70 mm² ausgeführt werden. Zusammengehörige Häusergruppen sollen nicht auseinandergerissen werden, sondern zum selben Stromkreis gehören. Mit einigem Geschick und Probieren muß versucht werden, die Stromkreise in den Versorgungsgebieten gegeneinander abzustimmen. Der Plan mit den Belastungsangaben wird herangezogen werden, um die Stromkreise nicht zu groß geraten zu lassen. Die Belastungen sollen möglichst gleichmäßig auf die Stromkreise verteilt werden. Als Anhalt können aus dem folgenden Kurvenblatt, gleichmäßig verteilte Belastungen vorausgesetzt, bei 3,5 % zugelassenem

Spannungsabfall die übertragbaren kW in Abhängigkeit von der Leitungslänge abgelesen werden. Die halben kW-Werte gelten, wenn die Belastung nur am Ende der Leitung angreift, z. B. direkte Leitung für ein Kino oder Kaufhaus.

Übertragbare Leistung in kW

bei 3,5 % Spannungsabfall unter Berücksichtigung des ohmischen und induktiven Widerstandes für die verschiedenen Leitermaterialien, Leiterquerschnitte und Leitungslängen bei 380 Volt Betriebsspannung und cos $\varphi = 0{,}8$.

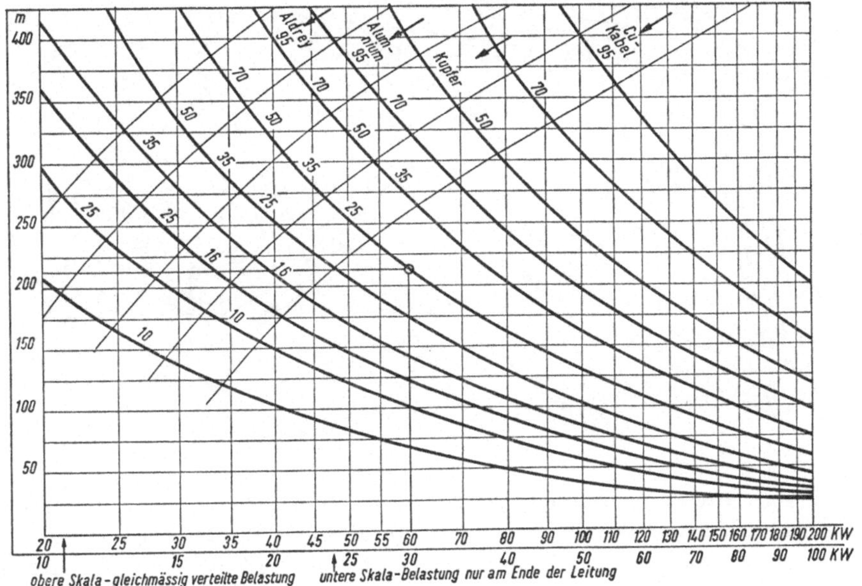

Beispiel:
60 kW, 210 m, Ald 70 oder Al. 50 oder Cu 35 oder Kabel 25 gleichmäßig verteilte Belastung, vorausgesetzt, dagegen nur 30 kW bei Abnahme am Ende, z. B. Sägewerk.

Diese Arbeit sollte man, solange man noch nicht über eine ausreichende Praxis im Leitungsentwurf verfügt, öfters unterbrechen, um möglichst viel Abstand zu gewinnen und um sich nicht festzurennen in eine bestimmte Leitungsführung. Beweglichkeit und Kombinationsgabe werden bei jedem neuen Anfang neue Möglichkeiten für eine noch bessere Leitungsführung erkennen lassen.

Nachstehend als Muster ein Planausschnitt mit eingetragener Leitungsführung, auch für den projektierten Ausbau innerhalb der Bebauungsgrenzen. Der Stromkreis II ist noch näher ausgeführt mit Trennstellen, Überspannungsschutz, Erdungen, Anker und Querschnittangaben.

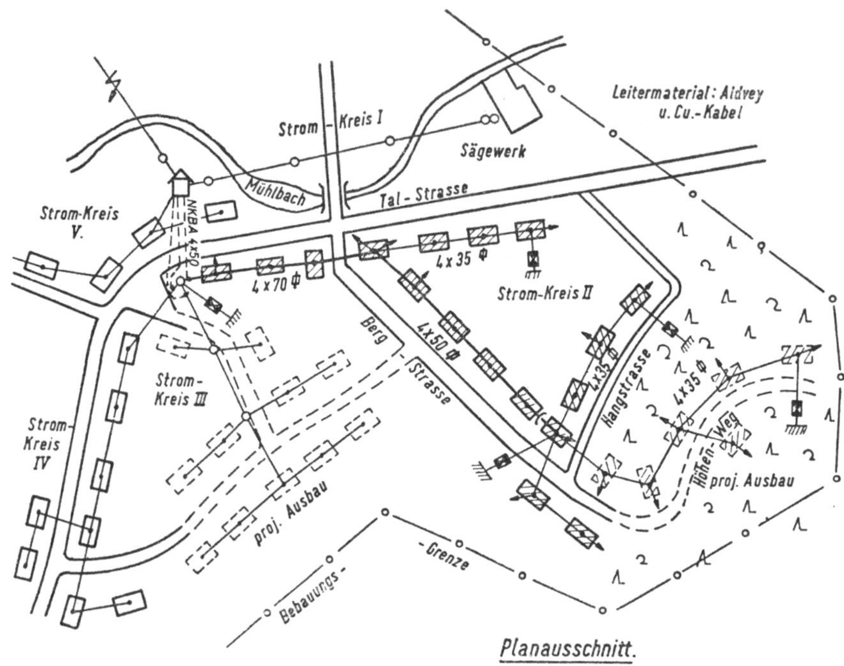

Für diesen Stromkreis werden später auf Seite 40 und 45 auch die Spannungsabfälle berechnet und die Kurzschlußverhältnisse untersucht werden.

Ist das Netz nun in allen Einzelheiten ausgefeilt, wird auf der 5. Lichtpause
unter Verwendung der genormten Schaltzeichen nach DIN 40710 und 40717
ein Leitungsplan gezeichnet, an Hand dessen an Ort und Stelle überprüft
werden muß, ob die am Schreibtisch entworfene Leitungsführung sich ver-
wirklichen läßt oder ob örtliche Gegebenheiten z. B. ein sehr hohes oder sehr
niedriges Haus, hohe Baumgruppen, bauliche Veränderungen, die im Ortsplan
noch nicht berücksichtigt waren, usw. eine andere Leitungsführung notwendig
machen. Diese Änderungen sollte man nicht in den Leitungsplan eintragen,
sondern in eine weitere 6. Lichtpause, zumal wenn die Überprüfung nicht selbst
sondern von einem Dritten durchgeführt wird. Die zu treffenden Änderungen
sind besser zu erkennen und liegen eindeutig fest. Auf einer 7. Lichtpause wird
nun der berichtigte Leitungsnetzentwurf zeichentechnisch richtig (noch nicht
mit Ausziehtusche) eingetragen.

5 Berechnung des offenen Netzes

Um die Spannungs- und Kurzschlußverhältnisse im Netz untersuchen zu können, benötigt man ein Leistungsflußschema und ferner Angaben über den Wirk-, Blind- und Scheinwiderstand.

5.1 Leistungsflußschema

Ist der Leitungsplan fertiggestellt, dann wird ein Transparentbogen darübergespannt und nur der Leitungsverlauf nachgezeichnet und die Stützpunkte markiert, bei denen eine Stromabnahme erfolgt (1). Diese Zeichnung bildet die Grundlage für das Leistungsflußschema. Unter Heranziehung des Belastungsplans werden an den Abnahmepunkten die Belastungen in kW (2) an möglichst nach unten gerichteten kurzen Pfeilen eingetragen. Dann wird vom Ende des Stromkreises beginnend unter der Mitte der Leitung unter einem Richtungspfeil (3) die dem Abnahmepunkt zufließende Leistung eingetragen. Unter der vom Trafo abgehenden Leitung erscheint dann die Summe der Einzelabnahmen als Gesamtstromkreisbelastung. Als letztes wird die Leitungslänge von Abnahmepunkt zu Abnahmepunkt in m über der Leitungsstrecke eingetragen (4).

Bei größeren Projekten ist es zweckmäßig die Leistungsflußschemen der Übersichtlichkeit halber für jedes Trafoversorgungsgebiet getrennt herauszuzeichnen.

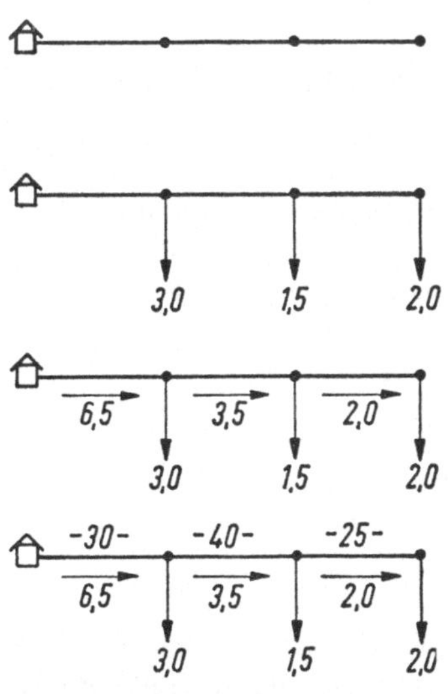

Nachdem alle diese Vorarbeiten erledigt sind, kann mit der Berechnung des Leitungsnetzes auf Spannungsabfall und Kurzschlußsicherheit und danach mit der Festlegung der erforderlichen Leitungsquerschnitte begonnen werden.

5.2 Untersuchung der Spannungsverhältnisse

Bedingt durch den Widerstand der Leitung und den Stromfluß tritt in der Leitung ein Spannungsabfall auf. Da die angeschlossenen Stromverbraucher wie Glühlampen, Motoren, Kochgeräte, Schaltgeräte usw. fabrikationsmäßig für die genormten Spannungen ausgelegt werden, ist nach den allgemeinen

Stromlieferungsbedingungen das EVU verpflichtet, die zum Betrieb der Stromverbraucher erforderliche Betriebsspannung am Hausanschluß zur Verfügung
zu stellen.

Um dieser Bedingung gerecht werden zu können, wird in den Verteilungsnetzen
ein Spannungsabfall von 3 bis 3,5 % zugelassen, da in den Hausanschlüssen
und Zuleitungen bis zum Stromverbraucher noch zusätzlich mit einem Spannungsabfall von 1,5 bis 2 % gerechnet werden muß. Insgesamt werden also 5 %
Spannungsabfall als zulässig angenommen. Steigt der Spannungabfall z. B.
auf 10 % dann ergibt dies bei Glühlampen eine Lichtstromabnahme um etwa
33 %, bei Kochgeräten verlängert sich die Kochzeit um etwa 20 %, das Anzugs-
und Kippmoment der Motoren fällt quadratisch mit der Spannung. Bei größeren
Spannungsabfällen werden auch Schütze und sonstige automatische Einrichtungen, insbesondere bei Aufzügen und Hebezeugen, nicht mehr einwandfrei
arbeiten.

5.21 Ohmscher Widerstand (Wirkwiderstand)

Will man den Spannungsabfall also berechnen, dann müssen die Widerstandswerte bekannt sein. Die Ohmschen Widerstandswerte für die einzelnen
Leitungsmaterialien und Querschnitte sind nach DIN 48201 festgelegt und in
nachstehender Tabelle in $\Omega \cdot \mathrm{km}^{-1}$ eingetragen.

F (mm²)	10	16	25	35	50*	70	95
Aldrey		2,096	1,377	0,980	0,694	0,505	0,358
Aluminium		1,805	1,185	0,845	0,598	0,435	0,309
Kupfer	1,786	1,123	0,738	0,525	0,372	0,271	0,192
NKBA	1,786	1,116	0,714	0,510	0,357	0,255	0,188
NAKBA		1,894	1,212	0,866	0,606	0,433	0,319

*) Seil 19-drähtig, Kabel 7-drähtig

Die Abweichung der Widerstandswerte für Kabel von denen für Freileitungsdrähte bei gleichem Nennquerschnitt beruht auf einem verschiedenen Aufbau
und anderen Drahtstärken (s. Bauelemente) und damit anderem Istquerschnitt
und bei Aluminium außerdem noch darauf, daß bei Kabel mit einer Leitfähigkeit
von 33 m/Ohm · mm² gerechnet wird, statt mit 34,8 m/Ohm · mm² wie bei
Freileitungsdrähten. (s. VDE 0201/1934 §§ 3 bis 5 und VDE 0202/VII 43 § 2
und § 5).

5.22 Induktiver Widerstand (Blindwiderstand)

Nun tritt aber bei Drehstrom neben dem Ohmschen Widerstand auch noch der
induktive Widerstand auf, der bei der Berechnung der Leitungen keinesfalls
unberücksichtigt bleiben darf, da er das Ergebnis maßgeblich beeinflußt.

Der induktive Widerstand ist abhängig von der Leiteranordnung. Gebräuchlich
sind im Ortsnetzbau 3 Anordnungen.

1. Versetzte Anordnung

Außenleiter im gleichseitigen Dreieck.

2. Quadratische Anordnung

Außenleiter im gleichschenkligen,
rechtwinkligen Dreieck.

3. Lineare Anordnung

Außenleiter in einer Ebene nebeneinander.

Nulleiter, Erdseile und Höhe über dem
Erdboden spielen für den induktiven
Widerstand keine Rolle.

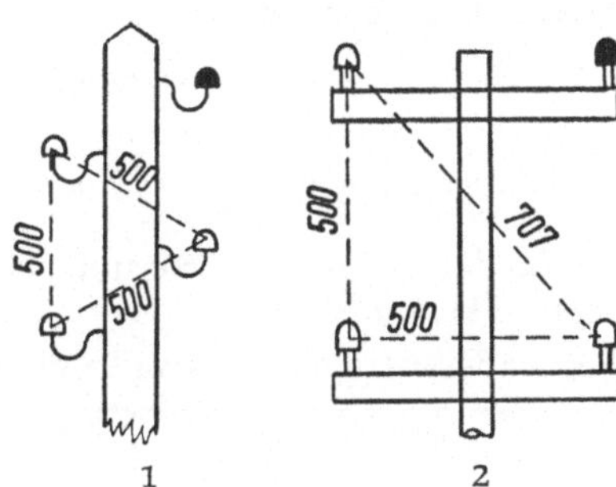

Der induktive Wiederstand errechnet
sich wie folgt:

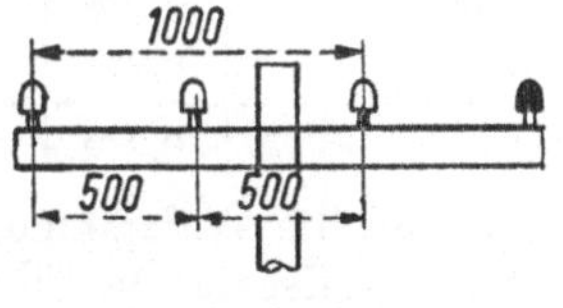

Induktiver Widerstand = Kreisfrequenz · Induktivität

$$X = \omega \cdot L$$

eingesetzt gilt für Drehstrom dann:

$$X = (2 \cdot \pi \cdot f) \cdot \left[\frac{\mu_0}{2 \cdot \pi} \cdot (\ln \frac{d}{r} + \frac{\mu_r}{4}) \right] \cdot 10^{-3}\ \Omega \cdot \text{km}^{-1}$$

Darin bedeuten:

f = Frequenz in Hertz

μ_0 = Induktionskonstante

μ_r = Permeabilität (bei nichtmagnetischen Stoffen ≈ 1)

d = Leiterabstand in mm

bei Anordnung 1. (Dreieck) $\sqrt[3]{500 \cdot 500 \cdot 500} = 500$ mm

bei Anordnung 2. (Quadrat) $\sqrt[3]{500 \cdot 500 \cdot 707} = 561$ mm

bei Anordnung 3. (Linear) $\sqrt[3]{500 \cdot 500 \cdot 1000} = 630$ mm

r = Leiterradius in mm (nach DIN 48201)

mm²	10	16	25	35	50	70	95
r	1,78	2,55	3,15	3,75	4,50	5,25	6,25

Die Zahlenwerte bis auf die Variante $\frac{d}{r}$ in die Formel eingesetzt und ausgerechnet ergeben dann:

$$X = 0{,}0628 \cdot (\ln \frac{d}{r} + 0{,}25)\ \Omega \cdot \mathrm{km}^{-1}.$$

Nach Einsetzung von $\frac{d}{r}$ errechnen sich für die obigen Leiterabstände und die verschiedenen Querschnitte untenstehende Werte für den induktiven Widerstand in $\Omega \cdot \mathrm{km}^{-1}$.

(Für Kabel betragen sie etwa $^1/_4$ dieser Werte)

mm²	10	16	25	35	50	70	95
X Dreieck	0,370	0,347	0,334	0,322	0,312	0,302	0,291
X Quadrat	0,376	0,354	0,341	0,330	0,319	0,309	0,298
X Linear	0,384	0,360	0,348	0,336	0,326	0,315	0,305
X Kabel	0,095	0,089	0,084	0,083	0,080	0,078	0,077

Nachdem nun die Widerstandswerte bekannt sind, kann die Berechnung des Spannungsabfalles durchgeführt werden.

5.23 Berechnung des Spannungsabfalles in Drehstromleitungen

Die Berechnung des Spannungsabfalles erfolgt nach dem Ohmschen Gesetz:

Spannungsabfall = Strom · Leitungswiderstand.

In nachstehenden Formeln bedeuten:

U = Leiterspannung in Volt
u = Spannungsabfall in Volt
e = Spannungsabfall in % der Leiterspannung U
R = Ohmscher Widerstand in $\Omega \cdot \mathrm{km}^{-1}$
X = induktiver Widerstand in $\Omega \cdot \mathrm{km}^{-1}$
N_{kW} = Belastung in kW ($N_{\mathrm{kW}} \cdot 10^3$ = Watt)
l = einfache Länge in m

Bei Berücksichtigung des Ohmschen und des induktiven Widerstandes ist der Spannungsabfall in Volt in einer Drehstromleitung für eine bestimmte Leitungslänge nach dem Ohmschen Gesetz also:

$$u = \sqrt{3} \cdot J \cdot l \cdot (R \cdot \cos \varphi + X \cdot \sin \varphi) \cdot 10^{-3}.$$

Um gleich mit der Leistung rechnen zu können, wird für J gesetzt:

$$J = \frac{(N_{\mathrm{kW}} \cdot 10^3)}{\sqrt{3} \cdot U \cdot \cos \varphi}, \text{ dann ist:}$$

$$u = \frac{N_{\mathrm{kW}}}{U \cdot \cos \varphi} \cdot l \cdot (R \cdot \cos \varphi + X \cdot \sin \varphi).$$

Um den prozentualen Spannungsabfall zu erhalten, wird u ersetzt nach der Beziehung $u = e \cdot \dfrac{U}{100}$. Die Formel lautet dann:

$$e = \frac{100}{U} \cdot \frac{N_{kW}}{U \cdot \cos \varphi} \cdot l \cdot (R \cdot \cos \varphi + X \cdot \sin \varphi)$$

oder anders geschrieben:

$$e = N_{kW} \cdot l \cdot \left[\frac{100}{U^2 \cdot \cos \varphi} \cdot (R \cdot \cos \varphi + X \cdot \sin \varphi). \right]$$

Der Ausdruck in der [ ]-Klammer ergibt bei festgelegter Leiterspannung und $\cos \varphi$ für die verschiedenen Querschnitte von Kupfer- und Aluminiumleitungen feste Zahlenwerte. Da es sich dabei um sehr kleine, vielstellige Zahlen handelt, sind diese aus rechentechnischen Gründen mit 10^3 multipliziert und dann als Faktor Q bezeichnet. Für den [ ]-Klammerausdruck ist also zur Erhaltung der Wertigkeit $Q \cdot 10^{-3}$ zu setzen. In die Formel eingesetzt, vereinfacht sich diese dann in:

$$e = N_{kW} \cdot l \cdot Q \cdot 10^{-3}.$$

Diese Formel hat bei gleichem Querschnitt einer Leitung auch für die Summe der Leistungsmomente Gültigkeit und lautet:

$$e = \Sigma (N_{kW} \cdot l) \cdot Q \cdot 10^{-3}.$$

Werte für Q bei 380 Volt und $\cos \varphi = 0,8$

		10	16	25	35	50	70	95
Dreieck	Aldrey		1,632	1,128	0,846	0,640	0,506	0,399
	Aluminium		1,430	0,995	0,752	0,573	0,458	0,364
	Kupfer	1,429	0,957	0,686	0,531	0,417	0,345	0,284
Quadrat	Aldrey		1,635	1,130	0,850	0,646	0,510	0,403
	Aluminium		1,434	0,998	0,757	0,580	0,461	0,369
	Kupfer	1,432	0,962	0,688	0,535	0,423	0,348	0,288
Linear	Aldrey		1,639	1,135	0,853	0,650	0,513	0,406
	Aluminium		1,437	1,001	0,760	0,583	0,465	0,372
	Kupfer	1,434	0,964	0,692	0,538	0,428	0,351	0,292
Kabel	NKBA	1,269	0,777	0,538	0,396	0,289	0,217	0,170
	NAKBA		1,358	0,883	0,643	0,461	0,340	0,251

Um die für 220 Volt gültigen Q-Werte zu erhalten, muß man die Q-Werte für 380 Volt mit 3 multiplizieren, was sofort ersichtlich wird, wenn man in die Grundformel für U^2 nicht 220^2 sondern $\left(\dfrac{380}{\sqrt{3}} \right)^2$ als Funktion von 380 Volt dafür einsetzt.

Werden obige Q-Werte dagegen durch $\sqrt{3}$ dividiert, dann sind sie für 500 Volt gültig, da $U^2 = 500^2 = 380^2 \cdot \sqrt{3}$ ist.

Für einen Stromkreis des Planausschnittes auf Seite 35 soll jetzt der Rechengang gezeigt werden. Das Leistungsflußschema des Stromkreises II ist einzeln herausgezeichnet und sieht folgendermaßen aus:

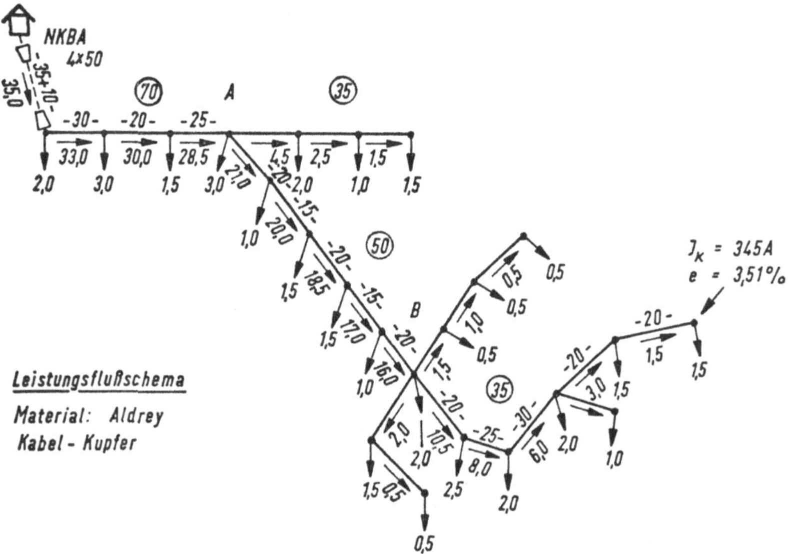

Beim Abgreifen der Kabelstrecke nicht vergessen, die Herauführung am Mast oder Haus zur Länge zuzuschlagen.

Für die Abstufung des Leitungsquerschnittes bieten sich 2 Knotenpunkte an, so daß man bis zum 1. Knotenpunkt A 70 mm², bis zum 2. Knotenpunkt B 50 mm² und die Ausläufer mit 35 mm² Aldrey annehmen könnte. Die Rechnung wird zeigen, ob die Annahme richtig war.

Man schreibt die Leistungsmomente von der Trafostation aus beginnend untereinander auf und zieht die Summe der Leistungsmomente, die nach der Formel dann mit $Q \cdot 10^{-3}$ zu multiplizieren ist.

$$35,0 \cdot 45 = \underline{1575,0}$$
$$1575,0 \cdot 0,289 \cdot 10^{-3} = 0,46\ \%\ (50\ mm^2\ Cu\text{-}Kabel)$$

$$33,0 \cdot 30 = 990,0$$
$$30,0 \cdot 20 = 600,0$$
$$28,5 \cdot 25 = \underline{712,5}$$
$$2302,5 \cdot 0,510 \cdot 10^{-3} = 1,39\ \%\ (70\ mm^2\ Ald)$$

$$
\begin{aligned}
21{,}0 \cdot 20 &= 420{,}0 \\
20{,}0 \cdot 15 &= 300{,}0 \\
18{,}5 \cdot 20 &= 370{,}0 \\
17{,}0 \cdot 15 &= 255{,}0 \\
16{,}0 \cdot 20 &= 320{,}0 \\
\hline
1665{,}0 \cdot 0{,}646 \cdot 10^{-3} &= 1{,}08\ \% \ (50\ \text{mm}^2\ \text{Ald})
\end{aligned}
$$

$$
\begin{aligned}
10{,}5 \cdot 20 &= 210{,}0 \\
8{,}0 \cdot 25 &= 200{,}0 \\
6{,}0 \cdot 30 &= 180{,}0 \\
3{,}0 \cdot 20 &= 60{,}0 \\
1{,}5 \cdot 20 &= 30{,}0 \\
\hline
680{,}0 \cdot 0{,}850 \cdot 10^{-3} &= 0{,}58\ \% \ (35\ \text{mm}^2\ \text{Ald})
\end{aligned}
$$

$$\text{Gesamtspannungsabfall} \quad e = 3{,}51\ \%$$

Die Addition der Prozentzahlen hat einen Wert von 3,51 % ergeben und bleibt damit in den für den Spannungsabfall gesetzten Grenzen. Die Rechnung hat außerdem ergeben, daß die Annahme der Querschnitte richtig war. Die Angabe des Querschnittes setzt man zweckmäßig mit einem Kreis umgeben über die Mitte der Leitungsstrecke, für die sie Gültigkeit haben soll. Den Wert für e trägt man am Ende der berechneten Strecke ein. Diese Eintragungen sind in vorstehendem Bild vorweggenommen.

In späteren Rechnungen wird aus Platzersparnisgründen der Faktor $Q \cdot 10^{-3}$ vor die Leistungsmomentensumme geschrieben.

5.3 Untersuchung der Kurzschlußverhältnisse

Mit der Berechnung des Spannungsabfalles allein ist es aber nicht getan. Es muß noch nachgeprüft werden, ob bei den gewählten Querschnitten die Kurzschlußsicherheit gewährleistet ist.

Nach den VDE-Vorschriften 0100/11.58 § 10N (b) 1 soll der Widerstand der Leitungen so bemesssen sein, daß bei einem Kurzschluß im Netz zwischen einem Außenleiter und dem Sternpunktleiter (im ungünstigsten Falle Kurzschluß am Ende der Leitung) ein Kurzschlußstrom auftritt, der mindestens den Wert des 2,5-fachen Nennstromes der nächsten vorgeschalteten Stromsicherung erreichen muß, um diese sicher zum Abschmelzen zu bringen. Der 3polige Kurzschluß interessiert in diesem Zusammenhang nicht, da der Kurzschlußstrom so groß wird, das die Sicherungen bestimmt abschmelzen und die Kurzschlußstelle abtrennen.

5.31 Scheinwiderstand der Kurzschlußbahn

Um den Kurzschlußstrom berechnen zu können, muß man zunächst den
Scheinwiderstand der Kurzschlußbahn ermitteln.

$$Z = \sqrt{R^2 + X^2}.$$

Da sich der Gesamtscheinwiderstand für Fehler im Ortsnetz aus dem Scheinwiderstand des speisenden Hochspannungsnetzes Z_H, des Transformators Z_T
und der Ortsnetzleitung Z_L zusammensetzt, gilt:

$$Z = \sqrt{(\Sigma R)^2 + (\Sigma X)^2}.$$

In unserem Falle wird der Scheinwiderstand Z_H nicht berücksichtigt, da er
vernachlässigbar klein ist.

Die exakte Rechnung setzt voraus, daß alle in der Kurzschlußbahn liegenden
Widerstände bekannt sind bzw. sich errechnen lassen. Dies ist aber nicht der
Fall wie nachstehend näher ausgeführt wird:

a) Die Widerstände der Außen- und Sternpunktleiter können nur angenähert
   ermittelt werden, denn die Längen lassen sich nach dem Netzplan nicht ganz
   genau abgreifen, außerdem müßte für den Durchhang noch ein Längen-
   zuschlag gemacht werden.

b) Rechnerisch nicht erfaßbar sind die Widerstände der in der Kurzschlußbahn
   liegenden Verbindungsleitungen zwischen Trafo, Schalttafel und Stations-
   ausgang.

c) Berücksichtigt werden müssen auch die Übergangswiderstände der Leitungs-
   verbindungen im Netz.

Bei Außerachtlassung dieser vorstehenden Unbekannten würde die ganze,
ziemlich lange und umständliche Rechnung also nur ein angenähertes Resultat
ergeben und zwar wäre der errechnete Gesamtscheinwiderstand kleiner als in
Wirklichkeit. Er müßte um einen gewissen Betrag oder Prozentsatz erhöht
werden, damit die Leitungsquerschnitte auf Grund des errechneten Schein-
widerstandes nicht zu klein gewählt werden und die Kurzschlußsicherheit auch
bestimmt erreicht wird.

Will man nun aber schneller und einfacher rechnen und außerdem die unter
a—c aufgeführten Unbekannten in irgendeiner Form berücksichtigen, dann
muß man darauf verzichten nach der vorstehenden Formel zu verfahren, mit der
sich ja doch nur ein bedingt richtiger Gesamtscheinwiderstand errechnen läßt.
In der Praxis macht man deshalb bei der Berechnung des Gesamtscheinwider-
standes bewußt von einer falschen Methode Gebrauch, um bei der Untersuchung
der Kurzschlußsicherheit ein Endergebnis zu erzielen, welches den tatsächlichen
Betriebsverhältnissen eher gerecht wird.

Der Fehler, der dabei absichtlich gemacht wird, besteht darin, daß man nicht die einzelnen Wirk- und Blindwiderstände komplex addiert und davon abgeleitet dann den Gesamtscheinwiderstand ermittelt, sondern gleich die Scheinwiderstände für die verschiedenen Leitungsstücke und den Transformator einzeln ausrechnet, diese dann einfach addiert und das Ergebnis als Gesamtscheinwiderstand betrachtet. Dieser so ermittelte Gesamtscheinwiderstand kann deshalb als besser und zutreffender angesehen und in die weitere Rechnung eingesetzt werden, weil er stets größer ist als der nach der richtigen Formel ermittelte Scheinwiderstand (siehe graphische Darstellung und Rechenbeispiel Seite 45) und weil er durch seinen höheren Wert die Unterstellung rechtfertigt, daß auch die Widerstände der unter a—c aufgeführten Teile der Kurzschlußbahn mit erfaßt sind. Erfüllen die gewählten Querschnitte bei der weiteren Rechnung mit diesem Wert die Kurzschlußsicherheit, dann sind die Querschnitte auf alle Fälle ausreichend groß genug gewählt.

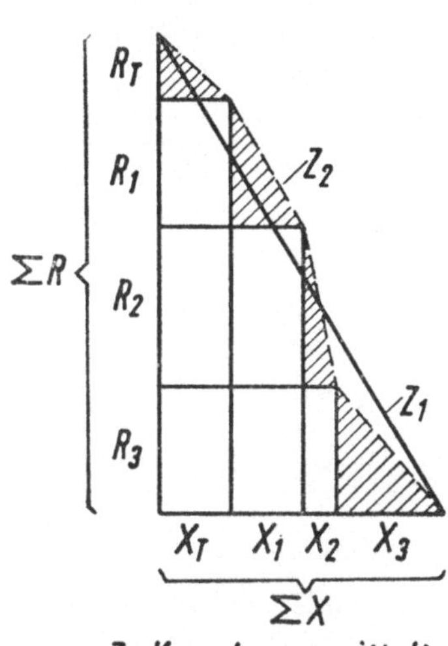

Das Schema (nicht etwa die Formel) für den Rechengang würde also lauten:

$$Z_K \approx Z_T + \Sigma\,(l \cdot Z_A) + \Sigma\,(l \cdot Z_{St})$$

oder wenn der Außenleiter den gleichen Querschnitt wie der zugehörige Sternpunktleiter hat

$$Z_K \approx Z_T + \Sigma\,(2 \cdot l \cdot Z_L).$$

Darin bedeuten:

$Z_K \approx$ Gesamtscheinwiderstand der Kurzschlußbahn in Ω

$Z_T =$ Scheinwiderstand des Transformators in Ω (siehe Tabelle)

$Z_L =$ Scheinwiderstand eines Leiters in $\Omega \cdot \mathrm{km}^{-1}$ (siehe Tabelle)
    ($A =$ Außenleiter, $St =$ Sternpunktleiter)

$l \approx$ einfache Länge eines Leitungsstückes in km

Scheinwiderstandswerte Z_T in Ω

von Transformatoren mit einer sekundären Klemmenspannung von 400/231 Volt und einer Kurzschlußspannung $u_k = 5\,\%$

N (KVA)	30	50	75	100	125	160	200
Z_T (Ω)	0,240	0,144	0,096	0,072	0,058	0,045	0,036

43

Scheinwiderstandswerte einer Leitung Z_L in $\Omega \cdot km^{-1}$

	F (mm²)	10	16	25	35	50	70	95
Dreieck	Aldrey	—	2,124	1,417	1,032	0,759	0,588	0,460
Dreieck	Aluminium	—	1,838	1,232	0,904	0,672	0,530	0,423
Dreieck	Kupfer	1,824	1,176	0,811	0,616	0,482	0,405	0,348
Quadrat	Aldrey	—	2,126	1,418	1,034	0,764	0,592	0,466
Quadrat	Aluminium	—	1,839	1,233	0,907	0,677	0,534	0,429
Quadrat	Kupfer	1,824	1,178	0,813	0,620	0,490	0,411	0,354
Linear	Aldrey	—	2,127	1,420	1,036	0,767	0,595	0,470
Linear	Aluminium	—	1,841	1,235	0,910	0,681	0,537	0,434
Linear	Kupfer	1,827	1,179	0,816	0,623	0,494	0,415	0,361
Kabel	NKBA	1,784	1,119	0,719	0,517	0,364	0,267	0,203
Kabel	NAKBA	—	1,897	1,215	0,870	0,611	0,439	0,329

5.32 Berechnung auf Kurzschlußsicherheit

1. Scheinwiderstand

Z_K $\qquad Z_K \approx Z_T + \Sigma\,(2 \cdot l \cdot Z_L)$

2. Kurzschlußstrom bei einpoligem Kurzschluß am Ende der Leitung ist mit genügender Genauigkeit:

J_K $\qquad J_K \approx \dfrac{U}{\sqrt{3} \cdot Z_K} \approx \dfrac{U_o}{Z_K}$

3. Grenzstrom welchen die Nennstromstärke der vorgeschalteten Stromsicherung *nicht* überschreiten darf, damit Kurzschlußsicherheit gewährleistet bleibt.

J_G $\qquad J_G \approx \dfrac{J_K}{2,5}$

4. Nennstrom bei dem Gesamtleistungsfluß des Stromkreises.

J_N $\qquad J_N = \dfrac{N_{kW} \cdot 10^3}{\sqrt{3} \cdot U \cdot \cos \varphi}$

5. Sicherung des Stromkreises muß kleiner J_G und größer J_N gewählt
S_S werden. (Stations- oder Zwischensicherungen nicht unter 35 A, da Hausanschlüsse mit 25 A abgesichert werden.)

6. Abschaltstrom muß kleiner J_K sein.
J_A $\qquad J_A = 2,5 \cdot$ Nennstromstärke der Sicherung.

44

Das Beispiel von Seite 40 soll nun weitergerechnet werden. An den Anfang der Rechnung setzt man folgende schematische Zeichnung:

und setzt dann nach der vorstehenden Ableitung ein:

1. Z_T (50 kVA) $= 0{,}144\ \Omega$

$2 \cdot 0{,}045 \cdot 0{,}364 = 0{,}033\ \Omega$

$2 \cdot 0{,}075 \cdot 0{,}592 = 0{,}089\ \Omega$

$2 \cdot 0{,}090 \cdot 0{,}764 = 0{,}138\ \Omega$

$2 \cdot 0{,}110 \cdot 1{,}034$

$Z_K \qquad\qquad \approx 0{,}631\ \Omega$

Zum Vergleich und als Rechenbeispiel für die Ausführungen auf Seite 42 wird nachstehend der Gesamtscheinwiderstand nach der komplexen Rechnung ermittelt und außerdem wird die längere und umständlichere Berechnungsweise gezeigt:

R_T (50 kVA) $= 0{,}060$

$2 \cdot 0{,}045 \cdot 0{,}357 = 0{,}032$

$2 \cdot 0{,}075 \cdot 0{,}505 = 0{,}076$

$2 \cdot 0{,}090 \cdot 0{,}694 = 0{,}125$

$2 \cdot 0{,}110 \cdot 0{,}980 = 0{,}216$

$\Sigma R = 0{,}509\ \Omega$

$R^2 = 0{,}258\ \Omega$

X_T (50 kVA) $= 0{,}130$

$2 \cdot 0{,}045 \cdot 0{,}080 = 0{,}007$

$2 \cdot 0{,}075 \cdot 0{,}309 = 0{,}046$

$2 \cdot 0{,}009 \cdot 0{,}319 = 0{,}057$

$2 \cdot 0{,}110 \cdot 0{,}330 = 0{,}073$

$\Sigma X = 0{,}313$

$X^2 = 0{,}099$

$Z_{K2} = \sqrt{0{,}258 + 0{,}099} \qquad = 0{,}597\ \Omega$

Zum Vergleich sind in der nachfolgenden Berechnung die auf Z_{K2} basierenden Werte in ( ) aufgeführt.

1. $Z_K \approx 0,631\ \Omega$ $\qquad\qquad$ $\approx 0,631\ \Omega$ $\qquad$ (0,597 Ω)

2. $J_K \approx \dfrac{220\ \text{V}}{0,631\ \Omega}$ $\qquad\qquad$ $\approx 348\ \text{A}$ $\qquad$ (368 A)

3. $J_G \approx \dfrac{348\ \text{V}}{2,5}$ $\qquad\qquad$ $\approx 139,5\ \text{A}$ $\qquad$ (147 A)

4. $J_N = \dfrac{35,0 \cdot 10^3}{1,73 \cdot 380 \cdot 0,8}$ $\qquad\qquad$ $= 66,5\ \text{A}$

5. $S_S =$ Stromkreissicherung $= 100\ \text{A}$ gewählt $< J_G$ und $> J_N$

6. $J_A = 2,5 \cdot 100$ $\qquad\qquad$ $= 250\ \text{A} < J_K$

Die Rechnung ergibt also, daß die Kurzschlußsicherheit bei den vorgesehenen Querschnitten gewährleistet ist.

Wenn man jetzt nach der abgeschlossenen Berechnung die beiden Ergebnisse miteinander vergleicht, dann kommt man dabei zu den gleichen Schlußfolgerungen wie auf Seite 43 nämlich:

„Angenommen Z_{K2} wäre im Grenzfall noch etwas kleiner, so daß sich für J_K ein Wert von 400 A ergibt, dann könnte man eine Stationssicherung von 160 A wählen. Im Kurzschlußfalle käme diese Sicherung aber nicht zum Abschmelzen, da nach Ziffer 2. der den tatsächlichen Verhältnissen entsprechende Kurzschlußstrom nur etwa 350 A erreicht und eine Stationssicherung von höchstens 125 A hätte gewählt werden dürfen."

Man sieht also, daß man bei der komplexen Rechnung die Kurzschlußsicherheit nicht in allen Fällen garantieren kann und es sicherer ist, nach der anderen Berechnungsmethode zu verfahren.

Auch den Kurzschlußstrom J_K trägt man in die Zeichnung ein neben dem Punkt, für den er errechnet ist (in der Zeichnung Seite 40 vorweggenommen).

Nun soll an einem anderen Beispiel gezeigt werden, daß die Rechnung nicht immer so glatt aufgeht und man zu Aushilfen greifen muß. Zur Erläuterung mag dienen, daß von einer Station aus mehrere, verstreut liegende Bauerngehöfte versorgt werden sollen, woraus sich die langen Leitungen und die geringe Abnahme erklären.

Bis zum ersten Knotenpunkt in 750 m Entfernung von der Station wurden 50 mm² und für den Ausläufer 35 mm² Aldrey gewählt. Bei diesen Querschnitten errechnet sich ein Spannungsabfall von 3,19 %, was also durchaus den Anforderungen genügen würde. Die Untersuchung der Kurzschlußverhältnisse zeigt aber folgendes Bild:

$$Z_T \ (30\,\text{kVA}) \qquad = 0{,}240\ \Omega$$
$$2 \cdot 0{,}750 \cdot 0{,}764 \quad = 1{,}136\ \Omega$$
$$2 \cdot 0{,}680 \cdot 1{,}034 \quad = 1{,}406\ \Omega$$
$$Z_K \qquad\qquad\quad \approx 2{,}782\ \Omega$$
$$J_K \approx \frac{220}{2{,}782} \qquad \approx 79 \quad \text{A}$$

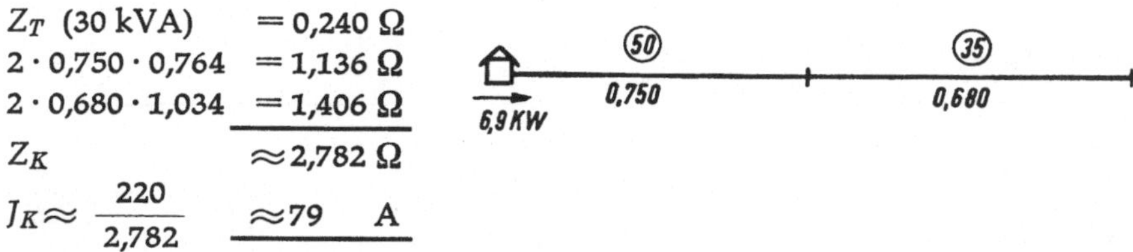

Dieser Kurzschlußstrom ist so klein, daß er höchstens eine 25 A-Sicherung zum Abschmelzen bringen würde. Die niedrigste Stationssicherung darf 35 A betragen und deren Abschaltstrom muß schon 87,5 A erreichen. Um den Widerstand zu verringern, muß also der Querschnitt erhöht werden. Um die Anlage aber nicht unnütz zu verteuern, wird es in diesem Falle genügen nur einen Leiter und zwar den Sternpunktleiter zu verstärken. Eine neue Rechnung zeitigt folgendes Ergebnis:

$$Z_T \ (30\,\text{kVA}) \qquad\qquad = 0{,}240\ \Omega$$
$$1 \cdot 0{,}750 \cdot 0{,}764 \qquad = 0{,}573\ \Omega$$
$$1 \cdot 0{,}750 \cdot 0{,}592 \qquad = 0{,}444\ \Omega$$
$$1 \cdot 0{,}680 \cdot 1{,}034 \qquad = 0{,}703\ \Omega$$
$$1 \cdot 0{,}680 \cdot 0{,}764 \qquad = 0{,}520\ \Omega$$
$$Z_K \qquad\qquad\qquad\quad \approx 2{,}480\ \Omega$$
$$J_K \approx \frac{220}{2{,}480} \qquad\qquad \approx 89\ \text{A}$$
$$J_G \approx \frac{89}{2{,}5} \qquad\qquad\quad \approx 35{,}6\ \text{A}$$
$$J_N = \frac{6{,}9 \cdot 10^3}{1{,}73 \cdot 380 \cdot 0{,}8} \qquad = 13{,}1\ \text{A}$$

$$\text{Stationssicherung} \qquad = 35\ \text{A gewählt} < J_G \text{ und} > J_N$$
$$J_A = 2{,}5 \cdot 35 \qquad\qquad = 87{,}5\ \text{A} < J_K$$

Kurzschlußsicherheit ist gewährleistet.

Ein weiteres Beispiel soll einen Fall zeigen, bei dem auch eine Querschnittsverstärkung nicht zum Ziele führt. Ein Stromkreis hat einen langen Ausläufer (Kupferleitung) zu einem außerhalb des Ortes liegenden Gehöft.

Gleichzeitig soll bei dieser Gelegenheit gezeigt werden, wie man die Berechnung des Spannungsabfalles und die Kurzschlußberechnung zweckmäßig nebeneinander anordnet:

<table>
<tr><td>

Berechnung der Spannungsabfälle

</td><td>

</td></tr>
</table>

$$34,1 \cdot 26 = 886,6$$
$$16,6 \cdot 41 = 680,6$$
$$16,1 \cdot 19 = 305,9$$
$$12,5 \cdot 34 = 425,0$$
$$10,2 \cdot 31 = \underline{316,2}$$
$$0,646 \cdot 10^{-3} \cdot 2614,3 = 1,69 \%$$

$$9,2 \cdot 70 = 644,0$$
$$7,2 \cdot 34 = 244,8$$
$$5,2 \cdot 45 = 234,0$$
$$2,0 \cdot 110 = \underline{220,0}$$
$$0,850 \cdot 10^{-3} \cdot 1342,8 = 1,14 \%$$

$$0,5 \cdot 340 = \underline{170,0}$$
$$0,688 \cdot 10^{-3} \cdot 170,0 = 1,17 \%$$
$$e_1 = 4,00 \%$$

Bemerkung: Eine Verstärkung der Al-dreyleitung auf 70 mm² ließe den Kurzschlußstrom erst auf 190 A anwachsen und wäre dieser damit immer noch kleiner als der erforderliche Abschaltstrom. Um die Kurzschlußsicherheit zu erreichen muß also eine Zwischen-Sicherung eingebaut werden. In diesem Falle zweckmäßig dort, wo der Ausläufer abzweigt.

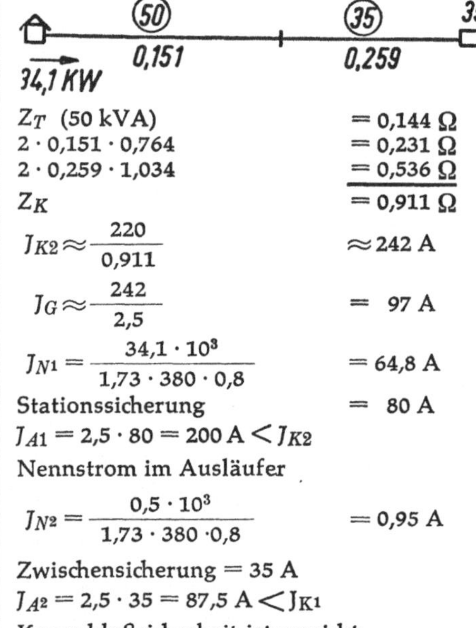

Z_T (50 kVA) $= 0,144\ \Omega$
$2 \cdot 0,151 \cdot 0,764 = 0,231\ \Omega$
$2 \cdot 0,259 \cdot 1,034 = 0,536\ \Omega$
$2 \cdot 0,340 \cdot 0,813 = \underline{0,553\ \Omega}$
$Z_K \approx 1,464\ \Omega$

$$J_{K1} \approx \frac{220}{1,464} \approx 150,2\ \text{A}$$

$$J_G \approx \frac{150,2}{2,5} \approx 60,2\ \text{A}$$

$$J_{N1} = \frac{34,1 \cdot 10^3}{1,73 \cdot 380 \cdot 0,8} = 64,8\ \text{A}$$

Stationssicherung $= 80$ A

$J_A = 2,5 \cdot 80 = 200\ \text{A} > J_K$

Kurzschlußsicherheit ist *nicht* erreicht.

Z_T (50 kVA) $= 0,144\ \Omega$
$2 \cdot 0,151 \cdot 0,764 = 0,231\ \Omega$
$2 \cdot 0,259 \cdot 1,034 = \underline{0,536\ \Omega}$
$Z_K = 0,911\ \Omega$

$$J_{K2} \approx \frac{220}{0,911} \approx 242\ \text{A}$$

$$J_G \approx \frac{242}{2,5} = 97\ \text{A}$$

$$J_{N1} = \frac{34,1 \cdot 10^3}{1,73 \cdot 380 \cdot 0,8} = 64,8\ \text{A}$$

Stationssicherung $= 80$ A

$J_{A1} = 2,5 \cdot 80 = 200\ \text{A} < J_{K2}$

Nennstrom im Ausläufer

$$J_{N2} = \frac{0,5 \cdot 10^3}{1,73 \cdot 380 \cdot 0,8} = 0,95\ \text{A}$$

Zwischensicherung $= 35$ A

$J_{A2} = 2,5 \cdot 35 = 87,5\ \text{A} < J_{K1}$

Kurzschlußsicherheit ist erreicht.

Kommt man an Hand dieser Beispiele nicht zu einem befriedigenden Ergebnis, dann muß der Verlauf des Leistungsflusses geändert werden, indem Belastungen von einem zu hoch belasteten Stromkreis an einen weniger belasteten Stromkreis angeschlosssen werden. Oder wenn auch dies noch nicht zu Ziele führt, dann muß ein neuer Stromkreis eingeschoben werden. Diese Änderungen sind selbstverständlich auf der 7. Lichtpause mit dem Leitungsplan zu berücksichtigen und nachzutragen. Wie schon an anderer Stelle gesagt, kommt man ohne probieren nicht aus. Aber mit etwas Fingerspitzengefühl, Beweglichkeit und Kombinationsgabe wird man schnell dahinterkommen und sich einen Blick für die sich auftuenden Möglichkeiten bald angeeignet haben.

Sind nun alle Stromkreise und Ausläufer durchgerechnet und damit auch die Querschnitte festgelegt, dann wird das Leistungsflußschema pausfähig mit Ausziehtusche gezeichnet, wobei Leitungen über 50 mm² durch kräftigere Strichstärke hervorgehoben werden.

Normalerweise lassen sich nach dem hier gezeigten Muster die Berechnungen für 2 Punkte auf einer Seite anordnen. Diese Berechnungsbogen bilden zusammen das Berechnungsheft, welchem ein Deckblatt mit den „Allgemeinen Angaben" vorgeheftet wird.

Nachstehend ein Muster für ein solches Deckblatt.

Berechnung des Leitungsnetzes

Allgemeine Angaben:

Zahl der Einwohner ....

Zahl der Stationen ....

Art der Leitung	Freileitung
Stromart	Drehstrom
Spannung	380/220 Volt
Frequenz	50 Hz
Leistungsfaktor cos φ	0,8 angenommen
Leitermaterial	Aldrey
Leitfähigkeit	30 m $\cdot$ Ω^{-1} $\cdot$ mm²
Leiterabstand (quadratische Anordnung)	50 cm
zugelassener Spannungsabfall	3,5 %
Gleichzeitigkeitsfaktor für Motorenbelastung	0,5
Einheitsanschlußwert für Herde	1,0 kW
Häuser ohne Belastungsangabe, je Haushaltung	0,5 kW

Gesamtbelastung:

Station	A	........·kW
Station	B	........·kW
usw.		........·kW
Station		........·kW

danach entfallen je Einwohner ....·Watt

Für die Kurzschlußberechnung wurde die Größe der Transformatoren mit
.... % der Stationsbelastung festgelegt.

Berechnungsunterlagen:

Leitungsplan des Stromversorgungsnetzes
Leistungsflußschema

6 Berechnung des geschlossenen Netzes

Da die Forderung gestellt ist, daß das Netz wahlweise auch geschlossen gefahren werden soll, ist auch dieser Fall noch zu untersuchen.

Man legt also wieder einen Transparentbogen auf den Leitungsplan und zeichnet nur die Stationen und die Verbindungsleitungen mit den Stromabnahmestellen zwischen den Stationen durch. Die Verbindungsleitungen sollten auftragsgemäß kräftig ausgeführt werden und wurde ein einheitlicher Querschnitt von 70 mm² Aldrey vorgesehen.

Ist kein einheitlicher Querschnitt vorhanden, so ist es zweckmäßig den vorhandenen Querschnitt auf einen Einheitsquerschnitt umzurechnen, woraus sich eine neue Länge ergibt.

Die Umrechnung erfolgt nach der Beziehung:

$$\text{Neue Länge} = \frac{\text{vorhandene Länge} \cdot \text{Einheitsquerschnitt}}{\text{vorhandenen Querschnitt}}$$

Aus dem Belastungsplan überträgt man nun die Belastungen.

6.1 Lastzusammenlegung

Um nicht mit zu vielen Belastungsangaben rechnen zu müssen, werden die Einzellasten zu einer oder einigen wenigen Lasten zusammengelegt.

Die Zusammenlegung mag an einem Beispiel gezeigt werden. Gleiche Leitungsquerschnitte werden vorausgesetzt, sodaß mit den Leitungslängen gerechnet werden kann.

Die Berechnung erfolgt nach dem 2. Kirchhoffschen Gesetz,

danach ist
$$L = \frac{\Sigma \, \text{Leistungsmomente}}{\Sigma \, \text{Belastungen}}$$

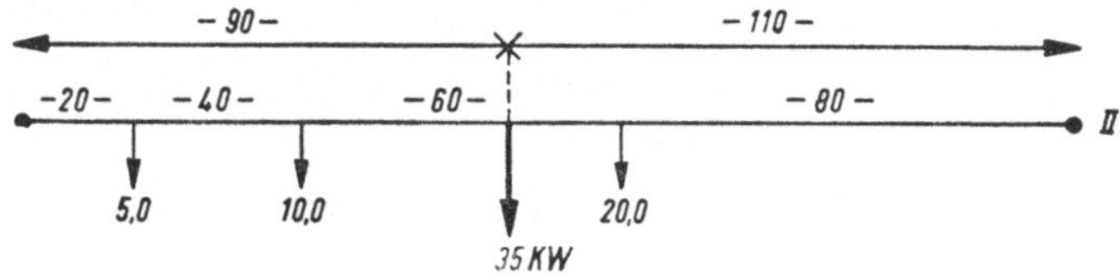

$$L_1 = \frac{20 \cdot 5 + 60 \cdot 10 + 120 \cdot 20}{5 + 10 + 20} = \frac{3100}{35} = 90 \text{ m,}$$

$$L_2 = \frac{80 \cdot 20 + 140 \cdot 10 + 180 \cdot 5}{20 + 10 + 5} = \frac{3900}{35} = 110 \text{ m}$$

Die 3 Einzellasten sind also zu einer Last von 35 kW in der Entfernung 90 m von Punkt I oder 110 m von Punkt II zusammengelegt.

6.2 Stromverteilung

Dieses Beispiel soll auch gleich benutzt werden, um die Stromverteilung zu zeigen.

6.21 Netz mit 2 Stationen

Es wird angenommen, daß die Strecke I—II die Verbindungsleitung zwischen 2 Trafostationen ist.

Die Berechnung erfolgt ebenfalls nach dem 2. Kirchhoffschen Gesetz:

$$\text{Belastung} = \frac{\Sigma \text{ Leistungsmomente}}{\Sigma \text{ Leitungslängen}}$$

$$N_2 = \frac{20 \cdot 5 + 60 \cdot 10 + 120 \cdot 20}{20 + 40 + 60 + 80} = \frac{3100}{200} = 15,5 \text{ kW,}$$

$$N_1 = 35 - 15,5 = 19,5 \text{ kW.}$$

Hieraus die oben unter der Leitung an Richtungspfeilen eingetragene Stromverteilung.

Der Schnittpunkt liegt beim Abnahmepunkt 20 kW, dem vom Trafo I 4,5 kW und vom Trafo II 15,5 kW zufließen.

Der Spannungsabfall bis zum Schnittpunkt muß von beiden Seiten gerechnet gleich sein.

I. $19,5 \cdot 20 = 390$
   $14,5 \cdot 40 = 580$
    $4,5 \cdot 60 = \underline{270}$

$0,510 \cdot 10^{-3} \cdot 1240 = 0,63\,\%$

II.

$15,5 \cdot 80 = 1240$

$0,510 \cdot 10^{-3} \cdot 1240 = 0,63\,\%$

Dies ist die einfachste Form eines geschlossen gefahrenen Netzes.

6.22 Netz mit 3 Stationen im Stern

Etwas schwieriger wird es schon, wenn 3 Stationen vorhanden sind. Hier soll zunächst der Fall untersucht werden, daß die Verbindungsleitungen zwischen den Stationen einen Stern bilden.

Durch Parallelschaltung werden die Strecken L_1 und L_3 zu einer neuen Länge a zusammengelegt.

$$a = \frac{L_1 \cdot L_3}{L_1 + L_3} = \frac{300 \cdot 250}{300 + 250} = 136{,}3 \text{ m.}$$

Die Belastungen werden auf den Knotenpunkt verlegt:

$$N_I = \frac{30 \cdot 150}{300} = 15 \text{ kW}$$

$$N_{III} = \frac{40 \cdot 125}{250} = 20 \text{ kW}$$

Die Summe $= 35$ kW ergibt die Belastung am Ende der 136,3 m langen Leitung a.

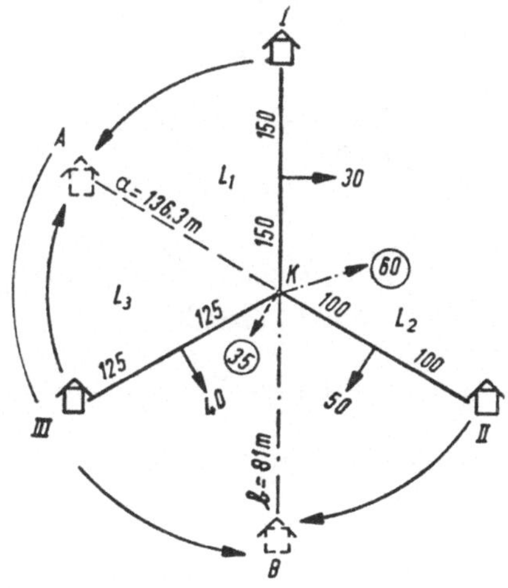

Jetzt wird das gleiche Verfahren mit der neuen Länge a und der Strecke L_2 durchgeführt zu einer neuen Länge b.

$$b = \frac{a \cdot L_2}{a + L_2} = \frac{136{,}3 \cdot 200}{136{,}3 + 200} = 81 \text{ m.}$$

Die Verlegung der Belastung auf den Knotenpunkt ergibt:

$$N_{II} = \frac{50 \cdot 100}{200} = 25 \text{ kW.}$$

Die Summe der verlegten Belastung ist $35 + 25 = 60$ kW.

Das ganze Netz ist jetzt zusammengeschrumpft auf eine Länge von 81 m mit einer Abnahme am Ende der Leitung von 60 kW.

Die Stromverteilung ergibt sich nun durch die Rückverlegung der Belastungen. Zur Unterscheidung werden die rückverlegten Belastungen zweckmäßig mit R_v bezeichnet.

Die am Ende von b mit 60 kW angreifende Last wird zwischen den Längen a und L_2 im Verhältnis dieser Längen verteilt.

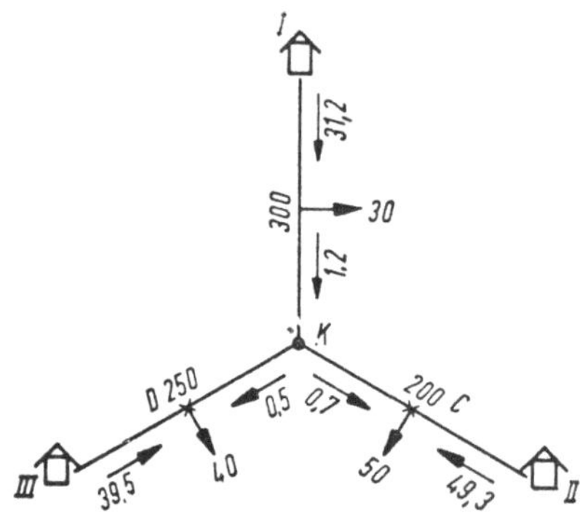

$$R_{v2} = \frac{60 \cdot 81}{200} = 24,3 \text{ kW}$$

abzügl. verlegte Belastg. N_{II} 25,0 kW

$$- \ 0,7 \text{ kW}$$

Der negative Wert zeigt an, daß vom Knotenpunkt 0,7 kW nach Station II wegfließen.

$$R_{va} = \frac{60 \cdot 81}{136,3} = 35,6 \text{ kW}$$

Dieser für die Länge a durch Parallelschaltung entstandene Strom wird auf die Längen L_1 und L_3 verteilt.

$$R_{v1} = \frac{35,6 \cdot 136,3}{300} = 16,2 \text{ kW}$$

abzüglich verlegte Belastung N_I 15,0 kW

$$+ \ 1,2 \text{ kW}$$

Dem Knotenpunkt fließen also 1,2 kW zu, was der positive Wert angibt.

$$R_{v3} = \frac{35,6 \cdot 136,3}{250} = 19,5 \text{ kW}$$

abzüglich verlegte Belastung N_{III} 20,0 kW

$$- \ 0,5 \text{ kW}$$

vom Knotenpunkt fließen also 0,5 kW nach Station III weg.

Nach dem 1. Kirchhoffschen Gesetz muß die Summe der Ströme bzw. Belastungen im Knotenpunkt gleich 0 sein. In diesem Falle: $+1,2 - 0,7 - 0,5 = 0$. Die Stromverteilung ist also richtig berechnet worden.

Die Schnittpunkte liegen bei C und D.

Die Berechnung des Spannungsabfalles ergibt:

Strecke von I nach C	Strecke von II nach C

$$31,2 \cdot 150 = 4680$$
$$1,2 \cdot 150 = 180$$
$$0,7 \cdot 100 = 70$$
$$0,510 \cdot 10^{-3} \cdot 4930 = 2,5\ \%$$

$$49,3 \cdot 100 = 4930$$
$$0,510 \cdot 10^{-3} \cdot 4930 = 2,5\ \%$$

Strecke von I nach D	Strecke von III nach D

$$31,2 \cdot 150 = 4680$$
$$1,2 \cdot 150 = 180$$
$$0,5 \cdot 125 = 63$$
$$0,510 \cdot 10^{-3} \cdot 4923 = 2,5\ \%$$

$$39,5 \cdot 125 = .4923$$
$$0,510 \cdot 10^{-3} \cdot 4923 = 2,5\ \%$$

Die von beiden Seiten gerechneten Spannungsabfälle sind gleich. Der Querschnitt ist also richtig gewählt worden. Weichen die Spannungsabfälle wesentlich voneinander ab, dann muß der Leitungsquerschnitt der Strecke mit höherem Spannungsabfall verstärkt werden.

6.23 Netz mit 3 Stationen im Dreieck

Sind die 3 Stationen im Dreieck miteinander verbunden, dann interessiert den Praktiker die Frage, wie sich die Belastungen von den Verbindungsleitungen auf die Trafostationen verteilen, weil sich nach dem Lastanteil die Größe der bereitzustellenden Transformatoren richtet.

Zur Erläuterung mag nachstehendes Beispiel dienen:

$$\text{I.}\quad \frac{50 \cdot 150}{400} = \frac{7500}{400} = 18,75 \text{ bei I}$$
$$50 - 18,75 = 31,25 \text{ bei II}$$

$$\text{II.}\quad \frac{60 \cdot 220}{400} = \frac{13200}{400} = 33,0 \text{ bei II}$$
$$60 - 33 = 27,0 \text{ bei III}$$

$$\text{III.}\quad \frac{40 \cdot 200}{400} = \frac{8000}{400} = 20,0 \text{ bei III}$$
$$40 - 20 = 20,0 \text{ bei I}$$

Die drei Trafostationen sollen durch je 400 m lange, gleichstarke Leitungen verbunden sein, so daß mit den Längen gerechnet werden kann. Die Einzelbelastungen an den Verbindungsleitungen sind bereits zu je einer Last zusammengelegt.

Diese Lasten sind zunächst nach den Stationen zu verlegen, bei Station I beginnend und werden dort an Pfeilen eingetragen.

Daraus ergibt sich also, daß der Transformator

$$\text{in Station I} \quad \text{mit } 18{,}75 + 20{,}00 = 38{,}75 \text{ kW}$$

$$\text{in Station II} \quad \text{mit } 31{,}25 + 33{,}00 = 64{,}25 \text{ kW und}$$

$$\text{in Station III mit } 27{,}00 + 20{,}00 = 47{,}00 \text{ kW}$$

belastet wird.

Diese Belastungen sind den sonstigen Trafobelastungen zuzurechnen und danach die richtige Größe des Trafos auszuwählen.

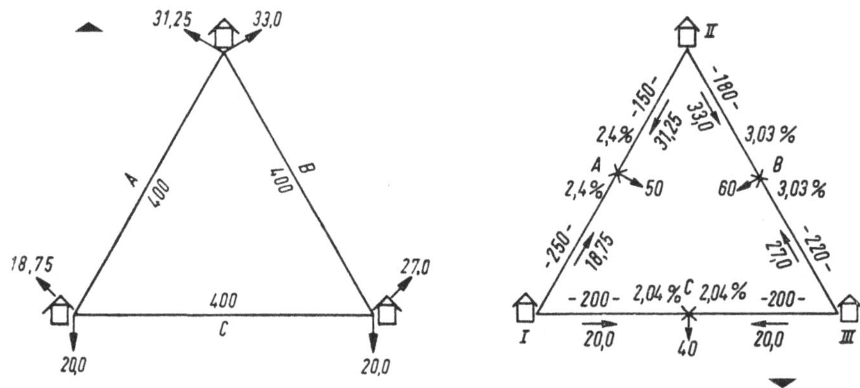

Die Lastverteilung zeigt nebenstehendes Bild. An den Stellen, an denen die zusammengelegten Belastungen angreifen, liegen auch die Schnittpunkte. Die Spannungsabfälle an den Schnittpunkten müssen annähernd gleich sein. Bei der Berechnung des Spannungsabfalles darf natürlich nicht die Stationsbelastung sondern nur die von der betreffenden Station dem Schnittpunkt zufließende Leistung eingesetzt werden. Bestehen z. B. die Verbindungsleitungen aus 70 mm² Aldrey, dann ergibt sich:

$$\text{von I nach A } 18{,}75 \cdot 250 \cdot 0{,}510 \cdot 10^{-3} = 2{,}4 \,\%$$

$$\text{von II nach A } 31{,}25 \cdot 150 \cdot 0{,}510 \cdot 10^{-3} = 2{,}4 \,\% \text{ usw.}$$

6.24 Leiterschleife

Neben den glatten Verbindungen wird es in einem geschlossen gefahrenen Netz, der besseren Ausgleichsfähigkeit wegen auch Leiterschleifen geben. Für die Berechnung ist die Schleife durch Parallelschaltung in eine einzige neue Länge zu verwandeln, nachdem die Belastungen auf die Knotenpunkte verlegt sind.

Beispiel: Gleiche Querschnitte wieder vorausgesetzt, sonst Umrechnung auf Einheitsquerschnitt.

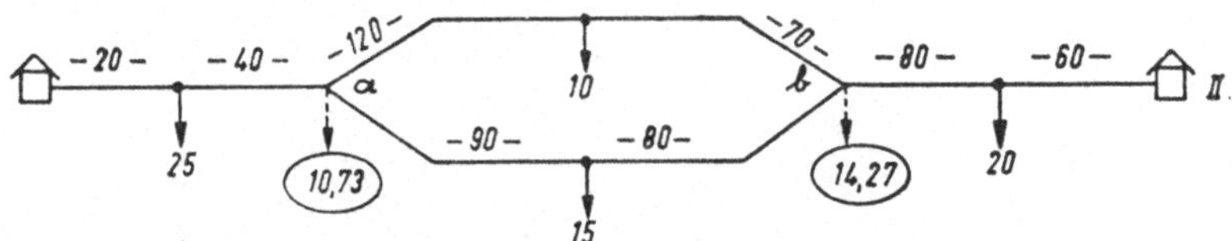

Die Abnahmen in der Schleife werden auf a und b verlegt.

$$\text{oben:} \frac{10 \cdot 120}{190} = 6,32 \text{ kW nach } b$$

$$10 - 6,32 = 3,68 \text{ kW nach } a$$

$$\text{unten:} \frac{15 \cdot 90}{170} = 7,95 \text{ kW nach } b$$

$$15 - 7,95 = 7,05 \text{ kW nach } a$$

Parallelschaltung der Schleife:

$$P = \frac{(120+70) \cdot (90+80)}{120+70+90+80} = \frac{190 \cdot 170}{360} = 89,7 \text{ m}$$

Berechnung der Stromverteilung:

$$\frac{25 \cdot 20 + 10,73 \cdot 60 + 14,27 \cdot 149,7 + 20 \cdot 229,7}{20+40+89,7+80+60} = 27,2 \text{ kW ab II}$$

von I fließen in Richtung II $70 - 27,2 = 42,78$ kW

von a nach b fließen 7,05 kW, die in die Schleife verlegt werden müssen.

$$\text{oben:} \frac{7,05 \cdot 89,7}{190} = 3,32 \text{ kW}$$

$$\text{abzüglich} \quad \underline{- 6,32 \text{ kW} \quad \text{(verlegt)}}$$

$$- 3,0 \text{ kW die von } b \text{ nach } a \text{ fließen}$$

oben müssen von a dann   7,0   kW nach b zufließen

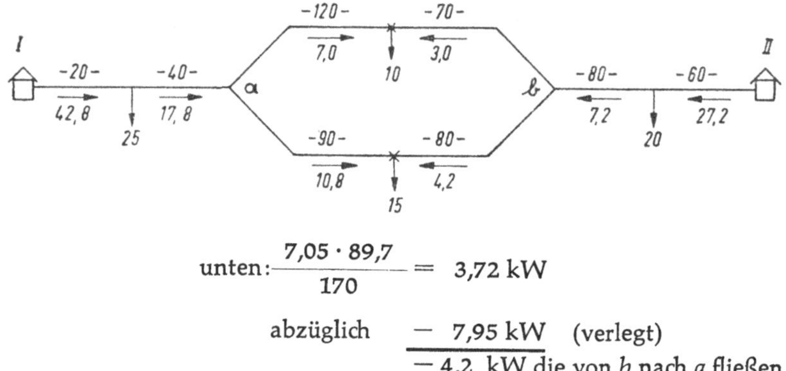

$$\text{unten:}\frac{7{,}05 \cdot 89{,}7}{170} = 3{,}72 \text{ kW}$$

abzüglich $- 7{,}95 \text{ kW}$ (verlegt)

$- 4{,}2$ kW die von b nach a fließen

unten müssen von a dann 10,8 kW nach b zufließen.

6.3 Netzmodelluntersuchungen

Sind die Netzgebilde aber komplizierterer Art und mehr als 3 Stationen vorhanden, dann wird die Berechnung sehr umständlich und ist mit einem großen Zeitaufwand verknüpft, der nicht in jedem Falle zu rechtfertigen ist. Solche Netzgebilde sollten daher grundsätzlich auf einem Netzmodellgerät untersucht werden. Hier hat man auf bequeme Weise die Möglichkeit, wenn die Spannungsverhältnisse sich als unbefriedigend an mehreren Punkten herausstellen sollten, den Stationsstandort zu verändern oder an besonders belasteten Punkten noch eine Station einzuschieben.

Bei der Berechnung würde schon eine geringfügige Änderung, die sich als wünschenswert herausstellt, die gesamte Rechnung über den Haufen werfen und müßte diese von Anfang an wiederholt werden.

Da ein Netzmodellgerät aber ein kostspieliges Präzisionsgerät, etwa 20 bis 30 000 DM ist, verfügen nur wenige große Firmen über ein derartiges Gerät. Sie nehmen aber, gewissermaßen im Lohnverfahren, auch für die kleinen Firmen die Durchführung der Untersuchungen in Auftrag, um die nicht ständig benutzte Anlage besser auslasten zu können.

Nachdem nun alle Untersuchungen über Spannungsabfall, Kurzschlußsicherheit und Stromverteilung durchgeführt sind, ist der Zeitpunkt gekommen, den ausgereiften Leitungsentwurf auf eine 2. Mutterpause mit Ausziehtusche zu übertragen. Es ist nicht zweckmäßig, um etwa Kosten zu sparen, die 1. Mutterpause dazu zu benutzen, denn es ist nicht ausgeschlossen, daß noch weitere Blankopläne z. B. für die Straßenbeleuchtung benötigt werden.

7 Kostenanschlag

Jetzt ist noch der Kostenanschlag bzw. ein Blankett aufzustellen. Die Grundlage
für den Kostenanschlag bildet der Materialauszug, dabei sind Zuschläge für
Leitungsverschnitt, Porzellanbruch und sonstige Verluste zu berücksichtigen,
denn je sorgfältiger der Materialauszug, der später als Bestellunterlage dienen
soll, gemacht wird, je weniger Überraschungen gibt es im Auftragsfalle beim
Bau und der Abrechnung.

Die Aufstellung und textliche Anordnung des Kostenanschlages ist sehr unter-
schiedlich. Behörden verlangen gewöhnlich für jede Position die Unterteilung
nach Material und Lohnanteil. Bewährt hat sich aber die Unterteilung nach:

Lieferungen	Leistungen
Fracht- und Verpackung	Sonstiges

für Niederspannungsnetz und getrennt für Hausanschlüsse. Einen Anhalt für
die Aufstellung eines Kostenanschlages mag nachstehende Anordnung geben,
wobei es je nach Eigenart der in dem betreffenden Gebiet üblichen Bauweise
überlassen bleibt, die einzelnen Positionen textlich ausführlich zu detaillieren
oder zusammenzufassen.

Deckblatt: Angebot auf ....

Blatt 1: **Kostenzusammenstellung**

1	**Verteilungsnetz**			
1,1	Lieferungen	.... DM		
1,2	Fracht und Verpackung	.... DM		
1,3	Leistungen	.... DM		
1,4	Sonstiges	.... DM	.... DM
2	**Hausanschlüsse**			
2,1	Lieferungen	.... DM		
2,2	Fracht und Verpackung	.... DM		
2,3	Leistungen	.... DM		
2,4	Sonstiges	.... DM	.... DM
3	**Abbrucharbeiten**	.... DM	.... DM
		Gesamtsumme	.... DM

Blatt 2: **Vorbemerkungen zum Kostenanschlag**
Hierher gehören Angaben, welchen Bestimmungen das angebotene
Material zu entsprechen hat, z. B. feuerverzinkt, genormte Bauteile,
Holzmastimprägnierung, vorhandene Bodenklasse, Basiswerte für
Nichteisenmetalle, Abrechnung nach Aufmaß usw.

1   Verteilungsnetz   **1,1 Lieferungen**

Einfachholzmaste
Regel-A-Maste
Mastkappen
Fußanker
Anker für Holzmast
Dachständer
Rohrabschlußhauben
Bauholz
Anker für Dachständer
Querträger mit Schelle
Querträger mit Ziehband
Isolatoren mit Stütze
Leitungszugisolatoren
Abspannbolzen
Schäkelbügel

Freileitungstrennschalter
Al-Cu-Zahnkabelschuhe
Dachaussteigeladen
Überspannungsableiter
Nulleitererdungen
Rohrerder
Leitungsseil . . . . . . kg . . . . . . m
Bindedraht
Wickelband
Kerbverbinder
Endbundklemmen
Al-Cu-Endbundklemmen
Abzweigklemmen
Al-Cu-Abzweigklemmen
Klein- und Befestigungsmaterial

Summe 1,1   DM . . . .

1,2 Fracht, Verpackung und Anfuhr

Kosten für Fracht und Verpackung der Materialien und Werkzeuge, sowie
Anfuhr von der nächstgelegenen Bahnstation zum Baulager werde nach Anfall
als Barauslagen mit . . . . . . % Zuschlag in Rechnung gestellt, geschätzt . . . . . .

Summe 1,2   DM . . . .

1,3 Leistungen

Anfuhr der Holzmaste
Holzmaste stellen
einschl. Erdarbeiten
Holzmaststrebe stellen
A-Mast stellen usw.
Mehrpreis für andere Bodenarten
Mastkappen befestigen
Fußanker einbauen
Trennschalter einbauen
Dachaussteigeladen einbauen
Überspannungsableiter einbauen
Nulleitererdungen einbauen
Rohrerder einbringen
m . . . . . . Seil . . . . . . mm² schleif-
frei ausziehen, spannen, regulieren
und betriebsfertig verlegen, einschl.
aller Verbindungen und Abspannungen
Endklemmen setzen
Abzweigklemmen setzen
Holzmastanker einbauen

einschl. Erdarbeiten
Dachständer einbauen
Dachständeranker einbauen
Bauholz einziehen
Querträger am Holzmast montieren
Querträger am Dachständer montieren
Isolatoren montieren
Leitungszugisolatoren einbauen
Klemmkabelschuhe montieren
Wickelbunde herstellen
Abspannbolzen montieren
Schäkelbügel montieren
Klein- und Aufräumungsarbeiten
Lohnnebenkosten, wie Auslösung,
An- und Abreisekosten, Wochenend-
heimfahrten werden auf Nachweis
mit einem Zuschlag von . . . . . . %
für Umsatzsteuer berechnet, geschätzt

Summe 1,3   DM . . . .

1,4 Sonstiges

Für Bauleitung, Anfertigung der Ausführungspläne, Lieferung eines pausfähigen Originales als Revisionsplan und ...... Pausen, usw. werden ...... % berechnet von der Summe Pos. ...... bis Pos. ......

Summe 1,4 DM ....

2 Hausanschlüsse

2,1 Lieferungen

Vierleiter-Dachständereinführung mit Panzersicherung
Zweileiter-Dachständereinführung mit Panzersicherung
Vierleiter-Giebelanschluß mit Panzersicherung
Zweileiter-Giebelanschluß mit Panzersicherung
Hausanschlußsicherung für Nachbaranschluß
Verbindungsleitungen für Nachbaranschlüsse
Übergangskopf
Klein- und Befestigungsmaterial geschätzt

Summe 2,1 DM ....

2,2 Fracht und Verpackung

wie Pos. 1,2

Summe 2,2 DM ....

2,3 Leistungen

Vierleiter-Dachständereinführung montieren
Zweileiter-Dachständereinführung montieren
Vierleiter-Giebelanschluß montieren
Zweileiter-Giebelanschluß montieren
Hausanschlußsicherung montieren
Verbindungsleitungen montieren
Übergangskopf montieren
Wanddurchbruch herstellen
Lohnnebenkosten wie Pos. 1,3 geschätzt

Summe 2,3 DM ....

2,4 Sonstiges

Für Bauleitung, Herstellen des Aufmaßes, Halten eines Baulagers usw. werden ..... % Zuschlag zur Summe der Pos. ..... bis Pos. ..... berechnet.

Summe 2,4 DM ....

3 Abbrucharbeiten

Abbruch der Netzanlage, bestehend aus:
Abnehmen und Aufrollen der Freileitungsseile,
Herausnehmen oder Abschneiden der Holzmaste,
Entfernen der Dachständer mit Anschlüssen,
Wiedereindecken der Dächer, Verbringen der ausgebauten Teile zu einem Sammmellager auf der Baustelle.
Die Verrechnung erfolgt nach Zeitaufwand zu den z. Zt. gültigen Stundensätzen. Geschätzt.

Summ 3 DM ....

8 Straßenbeleuchtung

In Verbindung mit dem Ortsnetzneubau soll auch eine zweckmäßige Straßenbeleuchtungsanlage geschaffen werden.

Im Besonderen soll die Hauptverkehrs- und Geschäftsstraße, die sich als Durchgangsstraße der Länge nach durch den Ort zieht so beleuchtet werden, daß sie den modernen Grundsätzen entspricht.

Die Leuchten sollen im Zentrum an Straßenüberspannungen bzw. an einer Hochkette aufgehängt werden. Im Weichbild des Ortes, wo die Häuser z. T. weit von der Straße zurücktreten, sollen Peitschenmaste als Leuchtenträger aufgestellt werden.

8,1 Lichttechnische Grundbegriffe und Formeln

Die für die Projektierung und Berechnung in Frage kommenden lichttechnischen Begriffe und Formeln werden nachstehend erläutert und abgeleitet:

Lampen sind selbstleuchtende Lichtquellen, die z. B. elektrische Energie in Licht umwandeln (Glühlampen, Metalldampflampen und Leuchtstofflampen).

Leuchten sind Geräte, die den von der Lampe erzeugten Lichtstrom formen und lenken und das Licht dem jeweiligen Zweck der Beleuchtung anpassen.

Lichtstrom (Φ) ist die von einer Lichtquelle (Lampe) ausgestrahlte, vom Auge als Licht empfundene Leistung. — Seine Einheit ist das Lumen (lm).

Lichtstärke (J) ist die Raumwinkel—Lichtstromdichte, d. h. der auf den Raumwinkel $\omega = 1$ bezogene Lichtstrom.

Die Lichtstärke wird angegeben in Candela (cd).

Beleuchtungsstärke (E) ist der Quotient aus dem auffallenden Lichtstrom und der Größe der gleichmäßig beleuchteten Fläche.

Ihre Einheit ist das Lux (lx) (1 lm auf 1 m² = 1 lx).

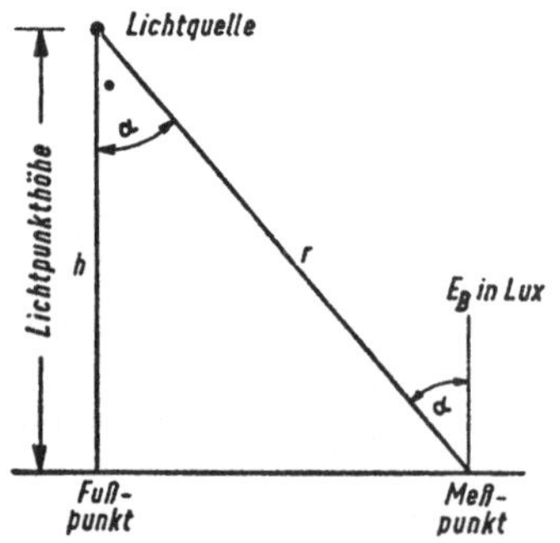

Punktbeleuchtungsformel. Vergrößert sich der Abstand der beleuchteten Fläche von der Lichtquelle, so nimmt die Beleuchtungsstärke mit dem Quadrat der Entfernung r ab:

$$E = \frac{J}{r^2}$$

Bei schrägem Lichteinfall gilt $\quad E = \dfrac{J\alpha \cdot \cos \alpha}{r^2}$

wobei der $\sphericalangle\,\alpha$ die Abweichung des Lichteinfalles von der zur Fläche Senkrechten (h) angibt.

Wird anstelle der Unbekannten r die Meßgröße h eingeführt, dann ergibt sich aus der Beziehung:

$$\cos \alpha = \frac{h}{r} \quad , \text{daß für}$$

$$r^2 = \frac{h^2}{\cos^2 \alpha} \text{ gesetzt werden kann.}$$

In die Punktbeleuchtungsformel eingesetzt ist dann:

$$E = \frac{J\alpha \cdot \cos \alpha}{\dfrac{h^2}{\cos^2\alpha}} \qquad \text{oder } E = J\alpha \cdot \frac{\cos^3\alpha}{h^2}$$

Der Abstand a vom Fußpunkt bis zum Meßpunkt errechnet sich aus der Beziehung:

$$\operatorname{tg} \alpha = \frac{a}{h} \quad , \text{dann ist der Abstand}$$

$$a = \operatorname{tg} \alpha \cdot h$$

8,2 Anforderungen an Beleuchtungsstärke und Gleichmäßigkeit

Welchen Anforderungen eine gute Straßenbeleuchtung entsprechen muß, ist in dem DIN-Blatt 5044 (Mai 55) festgelegt. Nachstehende Tabelle über die Mindestwerte für die Beleuchtungsstärke und deren Gleichmäßigkeit ist diesem Blatt entnommen.

Mindestwerte für die Beleuchtungsstärke und Gleichmäßigkeit

Straßenart	Mittl. horizontale Beleuchtungsstärke E_m		Gleichmäßigkeit der Beleuchtungsstärke g	
	auf der Fahrbahn			
	Straßendecke		g_1	g_2
	hell Lux	dunkel Lux	dunkel mittel	dunkel hell
1. Hauptverkehrsstraßen mit etwa 1000 Fahrzeugen je Stunde und Spur und Fahrtrichtung	8	16	1:3	1:6
2. Verkehrsstraßen mit etwa 500 Fahrzeugen je Stunde, Spur und Fahrtrichtung	6	12	1:3	1:6
3. Autozubringer zwischen Autobahnen und Städten, Ortsdurchfahrten im Zuge von Fernstraßen	4	8	1:4	1:8
4. Geschäftsstraßen ohne starken Fahrverkehr, viel Fußgängerverkehr	3	6	1:4	1:8
5. Straßen, mittelstarker Verkehr	2	4	1:4	1:8
6. Straßen mit schwachem Verkehr	0,5	1	—	—

Die notwendigen mittleren Beleuchtungsstärken (Bodenbeleuchtungsstärken)
sind in Abhängigkeit von der Reflexion des Straßenbelags angegeben. Es sind:

Helle Beläge: bituminöse Decken aus hellem Gestein, Zementboden, Granit-
pflaster

dunkle Beläge: bituminöse Decken aus dunklem Gestein, Basaltpflaster.

Die genannten Werte der mittleren Beleuchtungsstärke sind Mindestwerte.
Jede Steigerung erhöht die Verkehrssicherheit und ist dringend zu empfehlen.
Ausschlaggebend ist ferner eine gute Gleichmäßigkeit der Beleuchtungsstärke.
Man unterscheidet: Dunkel — Mittel — Gleichmäßigkeit

$$g_1 = \frac{E_{min}}{E_{mittel}}$$

und Dunkel — Hell — Gleichmäßigkeit

$$g_2 = \frac{E_{min}}{E_{max}}$$

Die wahrnehmbare Gleichmäßigkeit einer Beleuchtung (Leuchtdichte) ist stark
abhängig vom Reflexionsgrad der Straßendecke. Dieser ist bei nasser und
blankgefahrener Straßendecke grundverschieden von den Verhältnissen bei
trockner Fahrbahn, und zwar wesentlich schlechter.

Blendung tritt auf, wenn die Leuchtdichte eines Körpers groß gegen die der
Umgebung ist. Blendung in der Straßenbeleuchtung muß unbedingt vermieden
werden. Lichtquellen hoher Leuchtdichte müssen durch Trübgläser oder Reflek-
toren im Ausstrahlungsbereich über 65 ° abgeschirmt werden.

Starke Schattigkeit kann in der Straßenbeleuchtung ebenfalls zur Verschlech-
terung Anlaß sein. Das Sehen bei Nacht ist meist ein Silhouettensehen, d. h.
man sieht Hindernisse als Schatten gegen den helleren Hintergrund der Straßen-
oberfläche. Daraus folgt, daß starke Schatten genau wie Hindernisse wirken.
Man muß daher Schlagschatten unbedingt vermeiden, dies ist besonders wichtig
in baumbestandenen Alleen.

In vorliegendem Falle (helle Straßendecke vorhanden) sind im Zentrum die
Werte nach Ziffer 2 und in den Außenbezirken nach Ziffer 3—5 bei der Projektierung zugrunde zu legen.

Da im Geschäftsviertel die Höhe der Häuser schwankt, sind der Lichtpunkthöhe
wegen der Anbringung der Überspannungen gewisse Grenzen gesetzt. Es soll
eine Lichtpunkthöhe von 7,5 m gewählt werden. Der Leuchtenabstand wird
gewöhnlich im Verhältnis 1:4 zur Lichtpunkthöhe angenommen, um einen
guten Gleichmäßigkeitsgrad zu erzielen. Der Abstand errechnet sich als in
diesem Falle zu 4 · 7,5 = 30 m.

64

8.3 Lichtverteilungskurve

Bevorzugt werden heute aus wirtschaftlichen Gründen Leuchten mit Leuchtstofflampen, Quecksilberdampf-Hochdrucklampen oder Natriumdampflampen.
Als Leuchtenform hat sich weitgehend die Langfeldleuchte als Ansatzleuchte
oder Leuchte für Seilaufhängung durchgesetzt. Das Angebot ist groß und trägt
jeder Geschmacksrichtung Rech-
nung. Ausschlaggebend für die
Verwendung ist aber die jeder
Type eigene Charakteristik, die
sich in der Lichtverteilungkurve
ausdrückt. Die Preislisten enthalten daher neben der betreffenden Abbildung auch diese
Kurve (Beispiel nebenstehend).
Da die Lichtverteilung bei den
Langfeldleuchten in den beiden
Achsen verschieden ist, werden 2
Kurven angegeben. Anhand der
Kurve können die Lichtstärke-
werte in candela bei den einzelnen Ausstrahlungswinkeln abgelesen werden. Wieviel cd. jeder

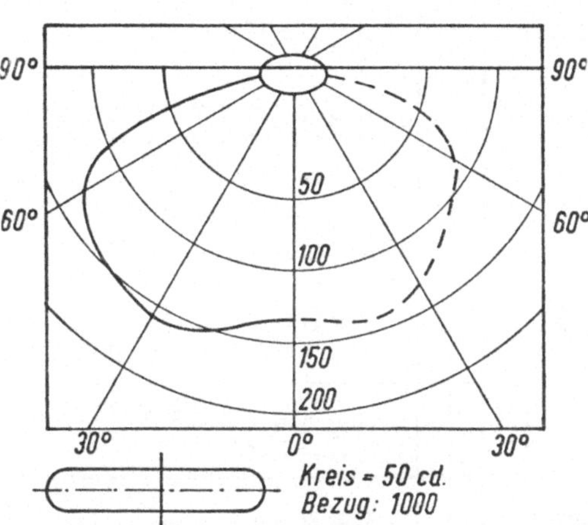

Kreis darstellt ist jeweils angegeben, ebenso auf wieviel Lumen sich die cd.-Werte
beziehen. Da die Charakteristiken alle verschieden sind, geht es auch hier bei
der Auswahl nicht ohne mehrmaliges Probieren ab bis die für den speziellen
Zweck am besten geeigneten Leuchten gefunden sind.

8.4 Bodenbeleuchtungskurve

Um ein Urteil fällen zu können, ob bei der gewählten Ausführung die Bodenbeleuchtungsstärke und die Gleichmäßigkeit den Anforderungen entsprechen,
muß die Lichtverteilungskurve der Leuchte entsprechend der verwendeten
Lampe, der Lichtpunkthöhe und dem Abstand der Leuchten voneinander, in
eine Bodenbeleuchtungskurve umgesetzt werden.

Unter Verwendung der Punktbeleuchtungsformel (8,1) und Einsetzung des
Lichtstromes der Lampe in lm ergibt sich für die Bodenbeleuchtungsstärke:

$$E_B = J\alpha \cdot \frac{\cos^3 \alpha}{h^2} \cdot \Phi \; (\text{lx})$$

In der nachstehenden Tabelle sind die Werte für $\dfrac{\cos^3 \alpha}{h^2}$ für die einzelnen Licht-

punkthöhen und $\sphericalangle \alpha$ errechnet und da es sich um sehr kleine Werte handelt,
sind diese aus rechentechnischen Gründen mit 1000 multipliziert und dann als

Fα-Tabelle

α°	h = 3,5 m		h = 4,0 m		h = 4,5 m		h = 5,0 m		h = 5,5 m		h = 6,0 m		h = 6,5 m	
	a	Fα	a	Fα	a	Fα	a	Fα	a	Fα	a	Fα	a	Fα
0	0	81,5	0	62,5	0	49,5	0	40,0	0	33,0	0	27,8	0	23,7
5	0,3	81,0	0,35	61,7	0,4	49,0	0,45	39,5	0,5	32,5	0,5	27,4	0,55	23,4
10	0,6	78,0	0,70	59,7	0,8	47,5	0,90	38,2	1,0	31,5	1,05	26,8	1,10	22,7
15	0,95	74,0	1,05	56,3	1,2	44,5	1,35	36,0	1,5	30,0	1,60	25,0	1,70	21,4
20	1,25	68,0	1,45	51,9	1,6	41,2	1,80	33,2	2,0	27,5	2,20	23,0	2,30	19,5
25	1,60	61,0	1,85	46,5	2,1	37,0	2,30	29,8	2,55	24,6	2,80	20,6	3,00	17,7
30	2,00	53,0	2,30	40,6	2,6	32,2	2,90	26,0	3,20	21,5	3,50	18,0	3,75	15,4
35	2,45	45,0	2,80	34,4	3,15	27,2	3,50	22,0	3,85	18,2	4,20	15,3	4,55	13,0
40	2,95	36,5	3,35	28,1	3,8	22,3	4,20	18,0	4,65	14,9	5,05	12,2	5,50	10,6
45	3,50	29,0	4,00	22,1	4,5	17,5	5,00	14,1	5,50	11,7	6,00	9,80	6,50	8,35
50	4,15	21,6	4,75	16,6	5,35	13,2	5,95	10,6	6,60	8,75	7,15	7,35	7,80	6,25
55	5,00	15,3	5,70	11,8	6,4	9,4	8,15	7,50	7,90	6,20	8,60	5,25	9,30	4,45
60	6,00	10,5	6,90	8,00	7,8	6,45	8,65	5,10	9,50	4,21	10,40	3,55	11,25	3,05
65	7,50	6,1	8,50	4,70	9,65	3,75	10,70	3,00	11,9	2,50	12,90	2,10	14,00	1,78
70	9,60	3,25	11,00	2,5	12,4	2,00	13,70	1,60	15.2	1,34	16,50	1,10	17,80	0,95

α°	h = 7,0 m		h = 7,5 m		h = 8,0 m		h = 8,5 m		h = 9,0 m		h = 9,5 m		h = 10,0 m	
	a	Fα	a	Fα	a	Fα	a	Fα	a	Fα	a	Fα	a	Fα
0	0	20,5	0	17,8	0	15,6	0	13,9	0	12,4	0	11,2	0	10,0
5	0,60	20,2	0,65	17,6	0,70	15,4	0,75	13,7	0,80	12,3	0,80	10,9	0,90	9,87
10	1,20	19,5	1,30	17,1	1,40	14,9	1,50	13,3	1,60	11,8	1,65	10,6	1,75	9,55
15	1,90	18,4	2,00	16,1	2,15	14,1	2,25	12,6	2,40	11,1	2,50	10,0	2,70	9,01
20	2,50	16,9	2,70	14,8	2,90	12,9	3,05	11,5	3,25	10,4	3,45	9,20	3,60	8,29
25	3,25	15,2	3,50	13,3	3,70	11,6	3,95	10,4	4,20	9,20	4,40	8,25	4,65	7,44
30	4,05	13,3	4,35	11,6	4,60	10,2	4,90	9,05	5,20	8,00	5,50	7,20	5,80	6,49
35	4,90	11,2	5,30	9,80	5,60	8,60	5,95	7,60	6,30	6,80	6,65	6,10	7,00	5,49
40	5,90	9,20	6,30	8,00	6,75	7,00	7,15	6,25	7,60	5,60	8,00	4,95	8,40	4,49
45	7,00	7,20	7,50	6,30	8,00	5,50	8,50	4,90	9,00	4,40	9,50	3,90	10,00	3,53
50	8,35	5,40	8,90	4,75	9,55	4,15	10,10	3,70	10,75	3,28	11,30	2,95	11,90	2,65
55	10,00	3,85	10,70	3,35	11,50	2,95	12,15	2,62	12,90	2,32	13,50	2,10	14,80	1,88
60	12,10	2,60	12,90	2,28	13,90	2,00	14,70	1,78	15,60	1,58	16,40	1,43	17,80	1,28
65	15,00	1,55	16,00	1,35	17,40	1,17	18,10	1,04	19,10	0,92	20,20	1,20	22,00	0,75
70	19,00	0,82	20,00	0,71	22,00	0,63	23,00	0,55	25,00	0,49	25,50	0,44	28,00	0,40

Faktor $F\alpha$ bezeichnet. Wird der abgelesene Wert in die Formel eingesetzt, so ist diese zur Erhaltung der Wertigkeit durch 1000 zu dividieren. Das gleiche gilt für die Werte der Lichtstärke, die in den Lichtverteilungskurven üblicherweise auf 1000 lm bezogen angegeben werden, die Formel ist also nochmals durch 1000 zu dividieren.

Der Lichtstrom der Lampe wird mit dem vollen Wert in lm eingesetzt.

Danach ist also folgendermaßen zu rechnen:

$$E_B = \frac{F\alpha}{1000} \cdot \frac{J\alpha}{1000} \cdot \Phi \quad \text{oder besser}$$

$$E_B = F\alpha \cdot J\alpha \cdot \Phi \cdot 10^{-6} \quad \text{(lx)}$$

$F\alpha$ ist je nach Lichtpunkthöhe und Ausstrahlungswinkel α der Tabelle zu entnehmen, dort ist auch gleich daneben angegeben, in welchem Abstand vom Fußpunkt das jeweilige Ergebnis in lx aufzutragen ist.

$J\alpha$ in cd kann aus der Lichtverteilungskurve der Leuchte abgelesen werden.
Φ in lm kann den Lampenlisten entnommen werden.

Für die ausgewählte Leuchte mag nachstehende Charakteristik gelten und sollen daraus die Punkte für die Bodenbeleuchtungskurve errechnet werden.

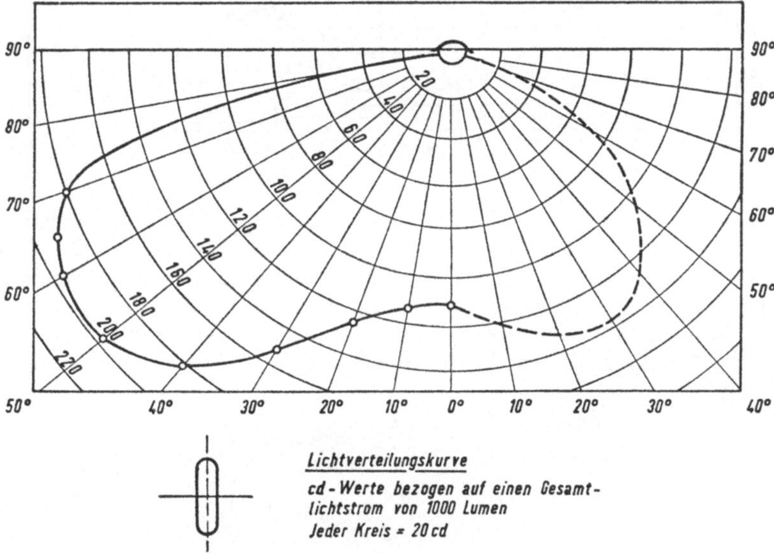

Bestückt ist die Leuchte mit 2 Leuchtstofflampen mit je 2300 lm. Bei 0° werden abgelesen 112 cd. Aus $F\alpha$-Tabelle bei 7,5 m Lichtpunkthöhe für 0° = 17,8 und $a = 0$ m, in die Formel eingesetzt, ergibt senkrecht zur Leuchtenachse:

∢α	$E_α \cdot J_α \cdot Φ \cdot 10^{-6} = E_B$	a
0°	$17{,}8 \cdot 112 \cdot 4600 \cdot 10^{-6} = 9{,}2$ lx	am Fußpunkt
10°	$17{,}1 \cdot 111 \cdot 4600 \cdot 10^{-6} = 9{,}1$ lx	bei 1,30 m vom Fußpunkt
20°	$14{,}8 \cdot 125 \cdot 4600 \cdot 10^{-6} = 8{,}9$ lx	bei 2,70 m vom Fußpunkt
30°	$11{,}6 \cdot 149 \cdot 4600 \cdot 10^{-6} = 8{,}3$ lx	bei 4,35 m vom Fußpunkt
40°	$8{,}0 \cdot 182 \cdot 4600 \cdot 10^{-6} = 6{,}7$ lx	bei 6,30 m vom Fußpunkt
50°	$4{,}75 \cdot 193 \cdot 4600 \cdot 10^{-6} = 4{,}2$ lx	bei 8,90 m vom Fußpunkt
60°	$2{,}28 \cdot 191 \cdot 4600 \cdot 10^{-6} = 2{,}0$ lx	bei 12,9 m vom Fußpunkt
65°	$1{,}35 \cdot 194 \cdot 4600 \cdot 10^{-6} = 1{,}2$ lx	bei 16,0 m vom Fußpunkt
70°	$0{,}71 \cdot 183 \cdot 4600 \cdot 10^{-6} = 0{,}6$ lx	bei 20,0 m vom Fußpunkt

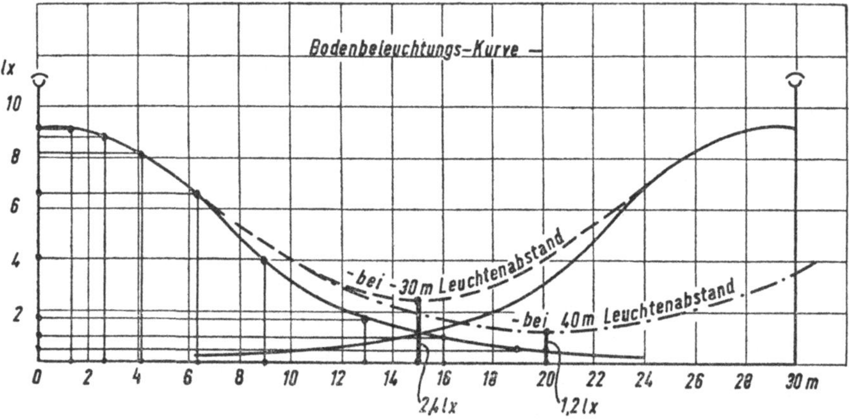

Die errechneten Werte von beiden Leuchtenstandpunkten aus eingetragen,
ergeben vorstehende Kurve für die Bodenbeleuchtungsstärke. Die beiden
Kurven schneiden sich bei 15 m. Die zwischen den Leuchten zu ziehende Verbindungslinie muß also um die unter den Kurven liegenden Werte aufgestockt
werden. In der Mitte bei 15 m ergibt sich dann eine Bodenbeleuchtungsstärke
von 1,2+1,2 = 2,4 lx. Die Nachprüfung der Gleichmäßigkeit der Beleuchtungsstärke ergibt:

$$\frac{E_{Bmin}}{E_{Bmittel}} = \frac{2{,}4}{6{,}1} = \frac{1}{2{,}55} \text{ besser als } \frac{1}{3}\,,$$

$$\frac{E_{Bmin}}{E_{Bmax}} = \frac{2{,}4}{9{,}2} = \frac{1}{3{,}85} \text{ besser als } \frac{1}{6}$$

Diese Werte liegen über den geforderten Werten für die Hauptgeschäftsstraße.
Da im Weichbild des Ortes das Verhältnis auf 1:4 bzw. auf 1:8 heruntergesetzt
werden kann und des einheitlichen Bildes wegen auch dort die gleichen Leuchten

verwandt werden sollen, ergibt sich, daß der Leuchtenabstand dort auf etwa 40 m vergrößert werden kann. Die Bodenbeleuchtungsstärke bei 20 m beträgt dann immer noch $0,6+0,6 = 1,2$ lx. Der Gleichmäßigkeitsgrad hiebei ist:

$$\frac{E_{min}}{E_{mittel}} = \frac{1}{3,95} \text{ besser als } \frac{1}{4} \qquad \frac{E_{min}}{E_{max}} = \frac{1}{7,6} \text{ besser als } \frac{1}{8} \, ,$$

was den Anforderungen nach DIN 5044 Ziff. 4 und 5 voll entspricht.

8.5 Leuchtenaufhängung

8.51 Straßenüberspannung

Die Aufhängung einer Leuchte über der Straßenmitte an einem quer über die Straße gespannten Tragseil ist die einfachste Ausführung einer Leuchtenaufhängung. Je nach Befestigungsmöglichkeit der Überspannung beiderseits der Straße ergibt sich eine unsymmetrische oder symmetrische Aufhängung. Um die richitge Auswahl des Tragseiles treffen zu können, müssen die Beanspruchungen des Seiles berechnet werden.

Der Horizontalzug bei einer unsymmetrischen Überspannung bei beliebig gewähltem Durchhang errechnet sich nach der Formel:

$$H = \frac{a \cdot b}{A \cdot f} \cdot P \quad \text{(kg)}$$

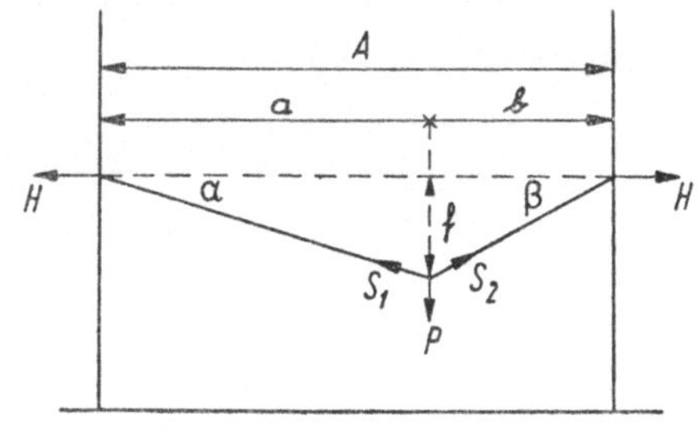

hierin bedeuten:

$H = $ Horizontalzug in kg

$A = a+b = $ Spannweite in m

α und $\beta = $ Seilneigungswinkel

S_1 und $S_2 = $ Seilkräfte in kg

$P = $ Last in kg, wobei zu beachten ist, daß die Last sich aus dem Gewicht der Leuchte und ohne größere Fehler aus dem halben Gewicht der Überspannung mit Zusatzlast zusammensetzt.

Die Schneelast auf der Leuchte wird mit 75 kg/m² eingesetzt. Sind die Leuchtenflächen stärker als 60° gegen die Waagerechte geneigt, kann die Schneelast für die halbe Grundfläche gerechnet werden. Die Zusatzlast auf dem Seil wird mit $0,180 \sqrt{d}$ kg/m (s. S. 12) eingesetzt.

Der Horizontalzug ist an beiden Seiten stets gleich.

Die auftretenden Seilkräfte ergeben sich aus:

$$S_1 = \frac{H}{\cos \alpha} \quad \text{und } S_2 = \frac{H}{\cos \beta} \quad \text{(kg)}$$

Die $\sphericalangle\ \alpha$ und β lassen sich aus

$$\text{tg } \alpha = \frac{f}{a} \quad \text{bzw. tg } \beta = \frac{f}{b} \quad \text{bestimmen.}$$

Die Seilkräfte sind stets größer als der Horizontalzug und bei unsymmetrischer Aufhängung auch ungleich.

Bei einer symmetrischen Aufhängung wird bei den üblichen Leuchtengewichten der Durchhang f des Tragseiles meist zu $\frac{1}{30}$ der Überspannungsweite A gewählt, was einem Neigungswinkel von $\approx 5°$ entspricht, wobei praktisch $\cos \alpha = \cos \beta \approx 1$ wird.

H wird also praktisch auch gleich S_1 bzw. S_2.

$$H \approx S_1 \approx S_2 = \frac{15 \cdot 15}{30 \cdot 1} \cdot P = 7{,}5 \cdot P \quad \text{(kg)}$$

B e i s p i e l : $A = 30$ m, $a = 20$ m, $b = 10$ m, $f = \frac{1}{30} \cdot 30 = 1$ m

Gewicht der Leuchte   7,4 kg

Schneelast auf der Leuchte

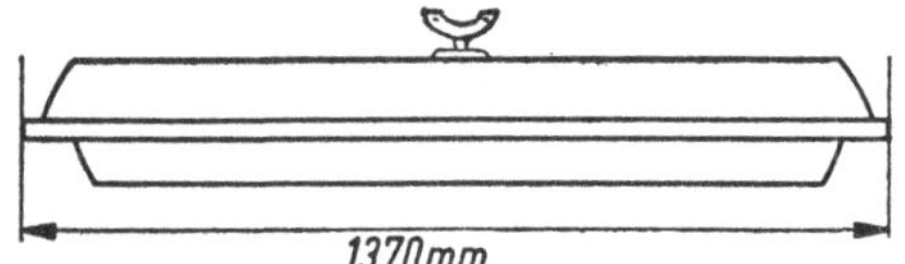
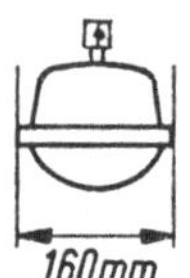

Da das Dach der Leuchte seitlich mit über 60° Neigung abfällt, kann die Schneelast für die halbe Grundfläche gerechnet werden.

$$\frac{1{,}37 \cdot 0{,}16}{2} \cdot 75 = \qquad\qquad 8{,}4 \text{ kg}$$

$\frac{1}{2} \cdot 30$ m Stahlkupferseil 16 mm²

mit 30 % Kupferauflage Staku I 132 kg/km   2,1 kg

$\frac{1}{2}$ Zusatzlast $= \frac{1}{2} \cdot 30 \cdot 0{,}180 \cdot \sqrt{5{,}1} =$ 6,1 kg

$P = $ Leuchte $+ \frac{1}{2}$ Überspannung $+ \frac{1}{2}$ Zusatzlast $=$ 24,0 kg

$$H = 24 \cdot \frac{20 \cdot 10}{30 \cdot 1} = 160 \text{ kg}$$

$$S_1 = \frac{160}{\cos \alpha} \qquad \text{tg } \alpha = \frac{1}{20} = 0,05 \approx 3° \qquad \cos \alpha = 0,998$$

$$S_1 = \frac{160}{0,998} = \; > 160 \text{ kg}$$

$$S_2 = \frac{160}{\cos \beta} \qquad \text{tg } \beta = \frac{1}{10} = 0,1 \approx 6° \qquad \cos \beta = 0,994$$

$$S_2 = \frac{160}{0,994} = \; > 160 \text{ kg}$$

Bei vorgeschriebener 6-facher Sicherheit wäre ein Seil mit mindestens $6 \cdot > 160$ kg $= > 960$ kg Bruchlast zu wählen.

Die Bruchlast des gewählten Staku-Seiles beträgt 1025 kg, reicht also in diesem Falle aus.

8.52 Hochkette

Auf einem Teil der Strecke fehlen geeignete Befestigungspunkte für einfache Straßenüberspannungen und Masten sollen aus städtebaulichen Gründen nicht aufgestellt werden. Hier sollen die Leuchten an einer Hochkette aufgehängt werden.

Der Abstand der Befestigungspunkte für die Hochkette beträgt 75 m. Die Leuchten sollen zur besonders guten Ausleuchtung der Strecke in 15 m Abstand angebracht werden. Die Lampenzuleitung wird an dem unteren Spanndraht mitgeführt.

Beispiel für eine Hochkettenberechnung

Spannung im Tragseil des Längsspannfeldes

4	Leuchten mit Eislast	15,000 kg	60,000 kg
80 m	Tragseil 35 mm² Fe	0,270 kg	
	+ Eislast	0,150 kg	
		0,420 kg	33,600 kg
80 m	Spanndraht 5 mm ϕ Fe	0,122 kg	
	+ Eislast	0,140 kg	
		0,262 kg	21,000 kg
80 m	NYM 3×2,5 mm² (11 mm ϕ)	0,195 kg	
	+ Eislast	0,210 kg	
		0,405 kg	32,400 kg
			$G = 147,0$ kg

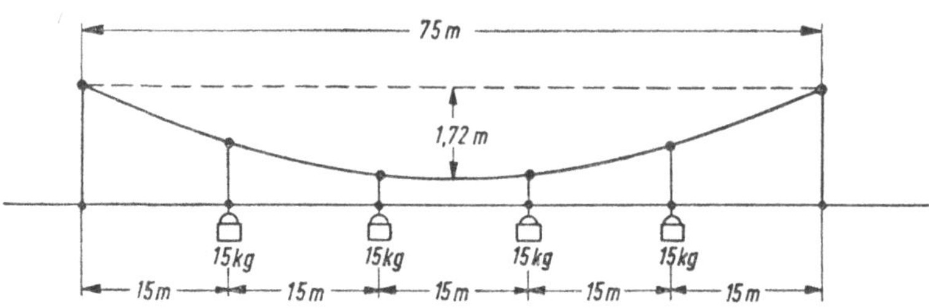

Zugkraft $Z = 800$ kg angenommen,   a = 75 m

$$g = \frac{147}{75} = 1{,}960 \text{ kg/m} \qquad f = \frac{a^2 \cdot g}{8 \cdot Z} = \frac{75^2 \cdot 1{,}960}{8 \cdot 800} = 1{,}72 \text{ m (s. S. 12)}$$

St II = 56 kg/mm²   56 · 35 = 1950 kg = 2,5-fache Sicherheit
St III = 90 kg/mm²   90 · 35 = 3150 kg = 4-fache Sicherheit
St IV = 110 kg/mm² 110 · 35 = 3850 kg = 5-fache Sicherheit

Errechnung der tatsächlich eintretenden Zugspannung

1. Zugspannung, hervorgerufen durch die im Spannfeld auftretenden gleichmäßig verteilten Lasten
(bei festgelegtem Durchhang von 1,72 m)

Tragseil	33,6 kg
Spanndraht	21,0 kg
NYM 3 × 2,5	32,4 kg
$G =$	87,0 kg
$g =$	1,160 kg/m

$$Z_1 = \frac{a^2 \cdot g}{8 \cdot f} = \frac{75^2 \cdot 1{,}160}{8 \cdot 1{,}72} = 475 \text{ kg}$$

2. Zugkraft, hervorgerufen durch die 4 im Spannfeld auftretenden Einzellasten von je 15 kg

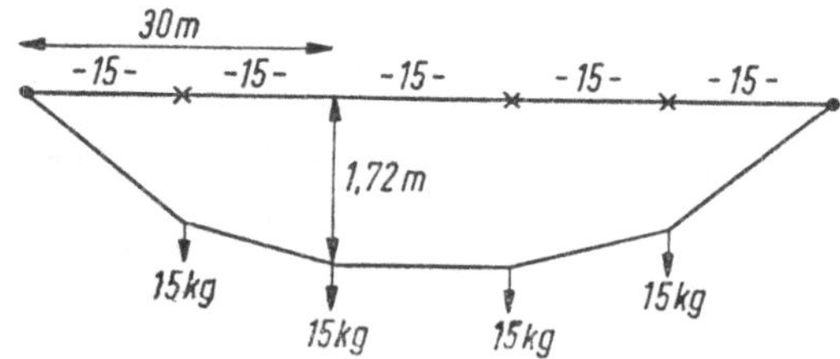

$$\text{tg}\ \alpha = \frac{1{,}72}{30} = 0{,}057 \qquad \alpha = 3^\circ\ 15'$$

$$\sin \alpha = 0{,}057$$

$$Z_2 = \frac{P}{\sin \alpha} = \frac{2 \cdot 15}{0{,}057} = 525\ \text{kg}$$

$Z_{\text{gesamt}} = 475 + 525 = 1000\ \text{kg}$

bei 35 mm² Seil entfallen je mm² = 28,5 kg.

Bei Verwendung eines Stahlseiles St II 56/70 kg wird eine 2- bis 2,5fache Sicherheit und bei St III 90/120 kg wird eine 3- bis 4fache Sicherheit erreicht.

Kräfteparallelogramm zur Ermittlung des Spitzenzuges für die Maste

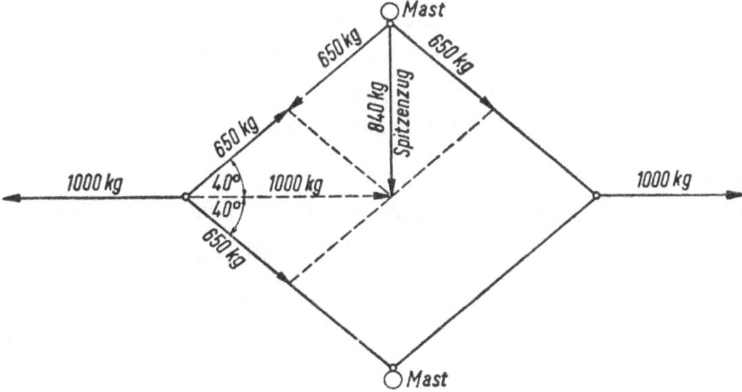

Zunächst ist die Zugkraft im Seil = 1000 kg bei einer Spreizung von 2×40° auf die beiden Maste zu verlegen nach dem Kräfteparallelogramm = 2×650 kg. Da sich die Hochkette fortsetzt, greifen auch von der anderen Seite 650 kg an. In einem neuen Kräfteparallelogramm ergibt sich die Resultierende mit 840 kg. Die Maste sind also für einen Spitzenzug von 840 kg vorzusehen.

8.6 Schaltung der Straßenbeleuchtung

Für die Schaltung der Straßenbeleuchtung sind verschiedene Möglichkeiten gegeben. Da die Leuchten normal mit 2 Lampen bestückt sind, wird man halbnächtig 2 und ganznächtig 1 Lampe brennen lassen. Die Steuerung kann zentral durch astronomische Schaltuhren oder durch Schaltuhren in Verbindung mit Dämmerungsschaltern oder durch Rundsteueranlagen erfolgen. Von der Verteilung der Schaltorgane auf die einzelnen Ortsgebiete evtl. Unterbringung in den Trafostationen wird, ausgenommen bei Rundsteueranlagen abgeraten, da die Überwachung erschwert und durch Gangabweichungen der Schaltuhren die Straßenbeleuchtung nicht gleichmäßig oder unvollständig eingeschaltet wird.

9 Schlußbemerkung

Alle vom Auftraggeber verlangten Unterlagen liegen nun vor.

Es mag deshalb zum Schluß noch ein Hinweis erfolgen, wie die Unterlagen in einer gefälligen Form abgabereif gemacht werden. Obenauf zunächst ein Deckblatt mit Anführung des Projektes und Auftraggebers. Dann folgt eine technische Erläuterung, sofern diese notwendig ist zum Verständnis der Ideengänge bei der Projektierung. Anschließend folgt das Berechnungsheft und auf DIN A 4 vorschriftsmäßig gefaltet eine Lichtpause des Leitungsplanes und des Leistungsflußschemas. Dann folgt der Kostenanschlag. Alles zusammen sauber in einem Schnellhefter eingeheftet. Bei umfangreicheren Unerlagen wird man gegebenenfalls auch ein Daumenregister mit entsprechender Beschriftung einschieben.

Man sei sich immer bewußt, daß die saubere, logisch geordnete und gefällige Aufmachung der Angebotsunterlagen die beste Visitenkarte einer Firma und eine Empfehlung für die Übertragung des Bauauftrages ist.

RUDOLF ENGMANN

Berechnen und Projektieren von Ortsnetzen

Niederspannungsleitungen
und Straßenbeleuchtungen

Liste über Leitungsmaterial
und Netzbauteile

FRIEDR. VIEWEG & SOHN
BRAUNSCHWEIG

RUDOLF ENGMANN

Berechnen und Projektieren

von Ortsnetzen, Niederspannungsleitungen

und Straßenbeleuchtungen

Liste über Leitungsmaterial
und Netzbauteile

FRIEDR. VIEWEG & SOHN · BRAUNSCHWEIG

1959

Für Material ohne Bezugsquellenhinweis wird auf die örtlichen Hersteller oder den örtlichen Fachhandel verwiesen, zum Teil auch Herstellung in eigener Werkstatt möglich

	Preis	Montage

Abbrucharbeiten

Abbruch der Netzanlage, bestehend aus:
Herausnehmen oder Abschneiden der Holzmaste, Entfernen
der Dachständer mit Anschlüssen, Wiedereindecken der
Dächer, Abnehmen und Aufrollen der Freileitungsseile, Verbringen der ausgebauten Teile zu einem Sammellager auf
der Baustelle.

Abspannbolzen M 20×100 Mu

M 20× 80 Mu

Anfuhr

Einfach-Holzmaste, Streben oder A-Maste bis 10 m, vom
Baulager zur Baustelle auf normal befahrbaren Wegen an-
fahren (1 A-Mast = 2,5 Einfachmaste)

desgleichen, jedoch 13 m lang, sonst wie vor

desgleichen, jedoch bis 16 m lang, sonst wie vor

Mehrpreis für:

Einfachholzmaste, Streben oder A-Maste bis 10 m lang bei
steilen oder unbefahrbaren Wegen zu den Maststandorten
transportieren (1 A-Mast = 2,5 Einfachmaste)

desgleichen, jedoch bis 13 m lang, sonst wie vor

desgleichen bis 16 m lang, sonst wie vor

Al-Abzweigklemmen   3, 38, 39, 51, 63

mit 3 Schrauben und Drucksteg für Seil 10 − 70 mm²
Fabr.   L. Nr.

desgleichen für Seil 10 − 50 mm²
Fabr.   L. Nr.

desgleichen für Seil 6 − 35 mm²
Fabr.   L. Nr.

desgleichen für Seil 6 − 35 mm², jedoch mit 2 Schrauben
Fabr.   L. Nr.

1*

	Preis	Montage

Al-Cu-Abzweigklemmen 3, 38, 39, 51, 63

mit 2 Schrauben für Al-Seile 16 — 95 mm²
und Cu-Abzweig 16 — 95 mm²
Fabr. L. Nr.

desgleichen für Al-Seil 10 — 50 mm²
und Cu-Abzweig 10 — 50 mm²
Fabr. L. Nr.

desgleichen für Al-Seil 6 — 25 mm²
und Cu-Abzweig 6 — 25 mm²
Fabr. L. Nr.

desgleichen für Al-Seil 50 — 70 mm²
und Cu Abzweig 4 — 16 mm²
Fabr. L. Nr.

desgleichen für Al-Seil 16 — 35 mm²
und Cu-Abzweig 4 — 16 mm²
Fabr. L. Nr.

Abzweigklemmen montieren

Abzweigklemmen für Kupferleitung 3, 38, 39, 51, 63

mit 2 Schrauben und Drucksteg für Leitungen 6 — 70 mm²
Fabr. Nr.

desgleichen für 6 — 50 mm²
Fabr. Nr.

desgleichen für 6 — 35 mm²
Fabr. Nr.

desgleichen für 4 — 25 mm²
Fabr. Nr.

desgleichen für 4 — 16 mm²
jedoch mit 1 Schraube
Fabr. Nr.

desgleichen für 4 — 10 mm²
jedoch mit 1 Schraube
Fabr. Nr.

	Preis	Montage

Abspannkreuze

Querträger aus UNP 6^1/$_2$×580 mm,
mit 1 Maschinenschraube M 16×250 mm,
1 Maschinenschraube M 16×400 mm und
2 Vierkant-U-Scheiben 50×50×6 mm
für Befestigung an Holz-A-Masten

(Sonderanfertigung) Richtpreis   verzinkt 1, 20, 31, 55, 56

Al+Alcu-Endbundklemmen

siehe unter E

Aldrey-Seil   1, 14, 19, 24, 25, 37, 45, 55, 60

25 mm^2 7×2,1 mm ϕ 67,5 kg ^{0}/$_0$ kg

35 mm^2 7×2,5 mm ϕ 95,5 kg ^{0}/$_0$ kg

50 mm^2 19×1,8 mm ϕ 134,5 kg ^{0}/$_0$ kg

70 mm^2 19×2,1 mm ϕ 183,5 kg ^{0}/$_0$ kg

95 mm^2 19×2,5 mm ϕ 260 kg ^{0}/$_0$ kg

DEL-Notiz   DM

Montage

Aldreyseil 25 mm^2 schleiffrei ausziehen, spannen,
regulieren und betriebsfertig verlegen, einschl.
Herstellen aller Verbindungen und Abspannungen   m

desgleichen, 35 mm^2, sonst wie vor   m

desgleichen, 50 mm^2, sonst wie vor   m

desgleichen, 70 mm^2, sonst wie vor   m

desgleichen, 95 mm^2, sonst wie vor   m

	Preis	Montage
Aluminium-Seil 1, 14, 19, 24, 25, 37, 45, 55, 60		
25 mm² 7×2,1 mm ⌀ 67,5 kg ⁰/₀ kg		
35 mm² 7×2,5 mm ⌀ 95,5 kg ⁰/₀ kg		
50 mm² 19×1,8 mm ⌀ 134,5 kg ⁰/₀ kg		
70 mm² 19×2,1 mm ⌀ 183,5 kg ⁰/₀ kg		
95 mm² 19×2,5 mm ⌀ 260,0 kg ⁰/₀ kg		
DEL-Notiz DM		
Aluminium-Bindedraht 1, 14, 19, 24, 25, 37, 45, 55, 60		
2,5 mm ⌀ 100 m 1,32 kg ⁰/₀ kg		
3,0 mm ⌀ 100 m 1,9 kg		
je Bund 1,5 m		
Aluminium-Wickelband 1, 14, 19, 24, 25, 37, 45, 55, 60		
10×1 mm 100 m 2,7 kg ⁰/₀kg		
1 Ring 15 m 0,405 kg		
je Bund 0,8 m		
Anker 20, 31, 55, 56		

Dachständeranker verzinkt ohne Seil mit Ankerstab
bestehend aus:
1 Ankerkopflasche mit 1 Schelle und 2 Maschinenschrauben
M 16×45,
1 Spannschloß $^5/_8$″ mit Ösen und Haken,
1 Ankerabdichtung mit drehbaren Stutzen,
1 Ankerfußlasche mit 1 Schlüsselschraube 16×120 mm und
1 Maschinenschraube M 16×160−200 mm,
1 Vierkant-U-Scheibe 50×50×5 mm, 18 mm Bohrung,
1 Ankerstab mit gepreßten Ösen
Länge des Ankerstabes 2000 mm, ohne Bauholz

desgleichen, jedoch mit Ankerstab 1500 mm

desgleichen, jedoch mit Ankerstab 1300 mm

desgleichen, jedoch mit Ankerstab 1100 mm

desgleichen, jedoch mit Ankerstab 700 mm

	Preis	Montage

Dachständeranker verzinkt mit Seil   20, 31, 39, 55, 56

ohne Ankerstab bestehend aus:
1 Ankerkopflasche mit 1 Schelle
und 2 Maschinenschrauben M 16×45,
1 Spannschloß $^5/_8$" mit Öse und Haken
bis 5 m Stahlseil 50 mm², 19×1,8 mm,
40−60 kg/mm² Bruchfestigkeit,
2 Kauschen 35−70 mm²,
2 Drahtseil-Doppelklemmen 35−70 mm²,
1 Ankerabdichtung mit drehbarem Stutzen,
1 Ankerfußlasche mit 1 Schlüsselschraube M16×120 mm und
1 Maschinenschraube M 16×160−200 mm
1 Vierkant-Scheibe 50×50×5 mm,
18 mm Bohrung ohne Bauholz

desgleichen jedoch mit Stahlseil 70 mm

Dachständeranker verzinkt mit Seil   20, 31, 39, 55, 56

und Ankerstab bestehend aus:
Material wie vor, zuzüglich 1 Ankerstab mit gepreßten Ösen
Länge des Ankerstabes 2000 mm

desgleichen, jedoch mit Ankerstab 1500 mm

desgleichen, jedoch mit Ankerstab 1300 mm

desgleichen, jedoch mit Ankerstab 1100 mm

desgleichen, jedoch mit Ankerstab 700 mm

Mehrpreis für Ausführung vorstehender Dachständeranker
mit Stahlseil 70 mm² 19×2,1 mm

Dachständeranker in roher Ausführung   20, 31, 39, 55, 56

Minderpreis für alle Ausführungsarten von Dachständer-
ankern, wenn Ankerkopflasche mit Schelle bzw. Ankerschelle
mit Nietkopfbolzen, Spannschloß, Ankerfußlasche und sämtliche Schrauben in roher Ausführung mit Anstrichfarbe, die
übrigen Bauteile jedoch in verzinkter Ausführung zum
Einbau vorgesehen sind
        je

A

Preis   Montage

Klemmgarnitur für Anker   20, 31, 55, 56

bestehend aus:

2 Drahtseilklemmen für Ankerseil 35—70 mm^2 und
2 Kauschen 35—70 mm^2

je Satz

Verlängerungslaschen

für Dachständeranker aus:

2 Laschen aus Flacheisen 35×6 mm 346 mm lang,
2 Halbrundnieten 16×40 mm mit je einem Splint 4×25 und
1 rohe Scheibe DIN 1441, 17 verzinkt

desgleichen wie vor, jedoch mit Laschen 146 mm lang

Ankerseil 50 mm^2 19 drähtig, 40—60 kg Bruchfestigkeit

je m

Ankerseil 70 mm^2, 19 drähtig   je m

Dachständeranker einbauen,

einschl. endgültiger Wiedereindeckung der Dächer ohne
Einziehen von Bauholz

Holzmastanker verzinkt als Erdanker   20, 31, 39, 55, 56

bestehend aus:

1 Ankerschraube M 16×225 mit
1 Vierkant-U-Scheibe, 50×50×6,
1 Spannschloß $^5/_8''$,
12 m Stahlseil 50 mm^2, 19×1,8 mm,
40—60 kg/mm^2 Bruchfestigkeit,
1 Isolierei D 100,
2 Seilkauschen 35—70 mm^2,
4 Drahtseil-Doppelklemmen 35—70 mm^2
1 Ankerstab M 16, 2000 m lang und
1 Ankerplatte 400×400×5 mm

desgleichen, jedoch mit Stahlseil 70 mm, 19×2,1 mm

	Preis	Montage

Holzmastanker verz. als Wandanker 20, 31, 39, 55, 56

bestehend aus:
1 Ankerschraube M 16×225 mit
1 Vierkant-U-Scheibe 50×50×6
1 Spannschloß ⁵/₈",
12 m Stahlseil 50 mm² 19×1,8 mm
40—60 kg/mm² Bruchfestigkeit,
1 Isolierei D 100,
2 Seilkauschen 35—70 mm²,
4 Drahtseil-Doppelklemmen 35—70 mm² und
1 Ankeröse mit Steindelle 16 mm ⌀

desgleichen, jedoch mit Stahlseil 70 mm² 19×2,1 mm
Mehrpreis für 1 Ankerkonsole an Stelle der Ankerschraube

Mehrpreis für 1 Ankerstab M 16×2500 mm an Stelle des Ankerstabes M 16×2000 mm

Mehrpreis für 1 Ankerstab M 16×3000 mm an Stelle des Ankerstabes M 16×2000 mm

Fußanker für Strebmast 20, 31, 55, 56

bestehend aus:

6 m Stahlseil 50 mm²
19×1,8 mm, 40—60 kg/mm² Bruchfestigkeit,
und vorhandener Ankerstein

desgleichen wie vor, mit zusätzlich
1 Drahtseildoppelklemme 95×70 mm²

Montage

Fußanker für Strebmast montieren

Holzmastanker einbauen einschl.
Erdarbeiten bei Bodenklasse 2.21 und 2,23 DIN 1830

	Preis	Montage

	Preis	Montage
Bauschrauben zum Zusammenbau von Strebmasten, bestehend aus je einer Bauschraube M 20, 320 mm und 400 mm, sowie je 2 Unterlagsscheiben $60 \times 60 \times 4$ Satz		
Bauschrauben zum Zusammenbau von Regel-A-Masten mit Bauschrauben M 20 und Bügelschrauben M 16, entsprechend den Postvorschriften Satz		
Bauholz 10×12 cm einschl. Schlüsselschraube 16×180 mm mit U-Scheibe (für Dachständer und Anker je 1,5 m) m		
desgleichen, jedoch 12×14 cm, sonst wie vor (für Dachständer 1,5 m) m		
Bandeisen, verzinkt $30 \times 3,5$ mm (einschl. Erdarbeiten)		
Bindedraht je 1,50 m Al 100 m $= 1,32$ kg 100 kg		
Cu 100 kg		
Betonmaststation	5, 9	
einschl. Betonfundament		
Betonrohre 100 mm l. W. 1 m		
Betonmaste	5, 9	
Bauleitung, Anfertigung der Ausführungspläne und ein pausfähiges Original der Revisionspläne sowie 3 Pausen extra, Herstellen des Aufmaßes, Halten eines Baulagers usw. werden auf die Abrechnungssumme der Leistungen, jedoch ohne die Beträge für Lohnnebenkosten		
Briketts 1 Ztr.		

	Preis	Montage

	Preis	Montage

Dachständer aus Siederohr 76 mm = 3″, bis 4,5 m lang

1 Fußwinkel,   16, 20, 31, 34, 55, 56
2 Schellen,
4 Schlüsselschrauben M 16×100 mm,
2 Maschinenschrauben M 16×45 mm und
1 Dachabdichtung aus verzinktem Eisenblech,
ohne Bauholz und Haube   8, 20, 31, 56 verzinkt

desgleichen, jedoch mit Setzschraube M 16×100 mm
an Stelle des Fußwinkels

desgleichen, jedoch mit Fekus-Sicherungskasten
an Stelle des Fußwinkels   44

Mehrpreis für Dachabdichtung aus Zinkblech
für Dachständer 76 mm ⌀   8, 20, 31, 56

Mehrlänge Siederohr 76 mm ⌀   verzinkt m

Dachständer aus Siederohr 89 mm = 3¹/₂″, bis 4,5 m lang

1 Fußwinkel,   16, 20, 31, 34, 55, 56
2 Schellen,
4 Schlüsselschrauben M 16×45 mm und
1 Dachabdichtung aus verzinktem Eisenblech,
ohne Bauholz und ohne Haube   8, 20, 31, 56 verzinkt

desgleichen, jedoch mit Setzschraube M 16×100 mm
an Stelle des Fußwinkels

desgleichen, jedoch mit Fekus-Sicherungskasten,
an Stelle des Fußwinkels   44

Mehrpreis für Dachabdichtung aus Zinkblech
für Dachständer 89 mm ⌀   8, 20, 31, 56

Mehrlänge Siederohr 89 mm ⌀   verzinkt m

Rohrabschlußhaube für Siederohr 76 mm Zinkblech
für Siederohr 89 mm Zinkblech
8, 20, 31, 55, 56

	Preis	Montage

Montage

Dachständer 3″ und 3¹/₂″ einbauen, einschl. endgültiger
Wiedereindeckung des Daches ohne Einziehen von Bauholz

Dachständer für Hausanschlußsicherung anbohren

Dachständer kürzen und Querträger versetzen

Dachständerabdichtung auswechseln

Dachlatte 5×7 cm   m

Densobinde 10 cm breit je m²

         5 cm breit je m²

Dachaussteigeladen   8, 20, 31, 56

400×600 mm l. W. aus verzinktem Eisenblech
mit Öffnung nach oben verschließbar durch Vorhängeschloß
Montage einschließlich endgültiger Wiedereindeckung
der Dächer

Dachständer-Sterneinführungskopf

        20, 22, 23, 30, 31, 47, 55, 56

	Preis	Montage

Al-Endbundklemmen   3, 38, 39, 51, 63
für Seile 50—70 mm²
Fabr.   L. Nr.

desgleichen, für Seile 25—35 mm²
Fabr.   L. Nr.

Al-Cu-Endbundklemmen   3, 38, 39, 51, 63
für Al-Seile 50—70 mm² und
Cu-Abzweig 4—16 mm²
Fabr.   L. Nr.

desgleichen für Al-Seil 25—35 mm² und   3, 38, 39, 51, 63
Cu-Abzweig 4—16 mm²
Fabr.   L. Nr.

Endbundklemmen für Kupferleitung   3, 38, 39, 51, 63
für Seil 50—70 mm²
Fabr.   L. Nr.

desgleichen für 25—35 mm²
Fabr.   L. Nr.

desgleichen für 10—16 mm²
Fabr.   L. Nr.

Eternitrohr   60 mm rund   m

100 mm rund   m

80×80 mm eckig   m

80×120 mm eckig   m
passende Krümmer = Preis für 1 m

Erdarbeiten
Bodenklasse 2,21 und 2,23 bis 0,60 m tief   m³

(Mutterboden und   bis 1,00 m tief   m³

leichter Boden)   bis 1,50 m tief   m³

bis 2,00 m tief   m³

	Preis	Montage

Mehrpreis für abnormale Bodenarten

Bodenklasse 2,22 wasserhaltender Boden   je m³

2,24 mittelschwerer Boden   je m³

2,25 schwerer Boden   je m³

2,26 leichter Fels   je m³

2,27 schwerer Fels   je m³

Wasserhaltung bei Druckwasser in Bodenklasse 2,22 mit Handpumpe   Std.

Die Preise der Bodenklasse 2,22 verstehen sich ohne Schalung.

Anhaltpreise für Erdarbeiten und Kabelverlegung

Die nachstehend aufgeführten Lieferungen und Leistungen enthalten:

1. die vorschriftsmäßige Absperrung, Beleuchtung und Abdeckung der Baugruben vor Hauseingängen und Geschäften, soweit erforderlich

2. die provisorische begeh- und befahrbare Wiederherstellung von Fahrbahn und Toreinfahrt-Aufbrüchen

3. Kosten für besondere Schutzmaßnahmen bei Straßen- und Bahnkreuzungen

4. Materiallieferung frei Baustelle

Kiesfußsteige, auch geteerte bis 10 cm Stärke aufbrechen und die Baustoffe getrennt seitlich aufsetzen   m²

Fußsteig-Teermakadam oder bituminöse Gehwege bis 10 cm Stärke aufbrechen, sonst wie vor   m²

Fußsteig-Gußasphaltbelag einschl. Betonunterlage bis 10 cm stark aufbrechen, den Asphalt seitlich legen und das übrige Material aufladen und abfahren   m²

Fußsteig-Zementstrich (Zementguß) mit Betonunterlage bis 10 cm Stärke aufbrechen, sonst wie vor   m²

Fußsteig-Zementstrich (Zementguß) mit Betonunterlage über 10—15 cm Stärke aufbrechen, sonst wie vor   m²

16

	Preis	Montage

Mosaikpflaster mit der Sandbettung aufbrechen, das Material getrennt seitlich aufsetzen und das unbrauchbare Material aufladen und abfahren   m²

mit Zementmischung versetzen oder mit Zementmischung ausgeschlämmtes Mosaikpflaster aufbrechen usw., sonst wie vor   m²

Fußsteig-Zementplatten sorgfältig aufbrechen, die gut erhaltenen Platten seitlich aufsetzen und das unbrauchbare Material abfahren   m²

Einfahrtsplatten ausschl. Betonunterlage sorgfältig aufbrechen usw., sonst wie vor   m²

Fußsteig-Pflaster 8/10 mit Sandunterbettung aufnehmen usw., sonst wie vor   m²

Einfahrt-Kleinpflaster mit Sandbettung aufbrechen usw., sonst wie vor   m²

Einfahrt-Steinpflaster mit Sandbettung und mit Zementmischung ausgegossenen Fugen aufbrechen usw., sonst wie vor   m²

Betonunterlage der gepflasterten oder mit Platten versehenen Einfahrten aufbrechen, aufladen und abfahren bis 15 cm Stärke   m²

über 15 cm Stärke   m²

Fahrbahnpflaster einschl. Sandbettung vorsichtig aufbrechen, das Material sortieren und seitlich aufsetzen, sowie das unbrauchbare Material aufladen und abfahren. Pflasterung provisorisch befahrbar wieder herstellen   m²

Fahrbahnpflaster mit Sandbettung und Zementmischung ausgegossenen Fugen aufbrechen usw., sonst wie vor   m²

Kleinpflaster einschl. Sandbettung aufbrechen usw., sonst wie vor   m²

Fahrbahnplatten, Fugen mit Zementmischung ausgegossen, einschl. Betonunterlage bis 30 cm Stärke aufbrechen usw., sonst wie vor   m²

Gestückunterbau bis 25 cm Stärke aufbrechen und das Material seitlich aufsetzen   m²

	Preis	Montage

Gestück setzen, einschlämmen und maschinell
abstampfen m²

Chaussierung (geteerte) einschl. Unterbau bis zu 20 cm
Stärke aufbrechen, Material seitlich lagern und das unbrauchbare Material abfahren m²

Zulage für je 5 cm Mehrstärke m²

Zulage für mit bituminösen Teppichbelag versehener
Chaussierung m²

Stampf- oder Gußasphaltbeleg oder Makadamdecke aufbrechen, seitlich aufsetzen, sowie das unbrauchbare Material
aufladen und abfahren m²

Betonunterbettung aufbrechen, aufladen und abfahren

      bis 20 cm Stärke m²

      über 20 cm bis 25 cm Stärke m²

      über 25 cm bis 30 cm Stärke m²

      über 30 cm Stärke m²

Zulage für erschwertes Aufbrechen
oder Straßenbefestigung innerhalb des Straßenbahnkörpers

ohne regelmäßigen Linienbetrieb m²

mit regelmäßigem Linienbetrieb von mindestens 3 Linien m²

mit regelmäßigem Linienbetrieb mit mehr als 3 Linien m²

Bordsteine auf Betonfundament sorgfältig aufbrechen und
seitlich lagern, das unbrauchbare Material aufladen und
abfahren m

Bordsteine in Sandbettung versetzt ohne Verguß aufbrechen
und seitlich lagern m

Betonwandsteine Profil 2 auf Beton versetzt einschl. Unter-
beton aufbrechen und seitlich lagern, das unbrauchbare
Material aufladen und abfahren m

	Preis	Montage

Granitsteine (Randsteine) Profil 1 aufbrechen, sonst wie vor   m

Grasnarbe schneiden, abheben und sachgemäß lagern und nach Verfüllen der Gräben wieder eindecken und nässen   m²

Kabelgräben ohne Unterschied der Bodenbeschaffenheit bedingungsgemäß ausheben, wieder verfüllen und maschinell feststampfen, den übrig bleibenden Boden aufladen und abfahren

bei einer Grabentiefe bis 0,6 m   m³

bei einer Grabentiefe über 0,60 bis 1 m   m³

bei einer Grabentiefe über 1,0 bis 1,5 m   m³

bei einer Grabentiefe über 1,5 bis 2,0 m   m³

Kabelgräben unter Straßenbahn oder sonstigen Festbauten als Tunnel in einer Tiefe von etwa 2,0 m herstellen, einschl. der erforderlichen Absteifung und späteren Verfüllung in Magerbeton   m³

Zulage für erschwerten Erdaushub bei Gelände mit Bau- und Trümmerschutt   m³

Zulage für Mauerwerk und Fels aufbrechen, aufladen und abfahren im Ausbruchprofil gemessen   m³

Zulage für erschwertes Ausheben des Kabelgrabens innerhalb des Straßenbahnkörpers
ohne regelmäßigen Linienbetrieb   m³

mit regelmäßigem Linienbetrieb von mindestens 3 Linien   m³

mit regelmäßigem Linienbetrieb von mehr als 3 Linien   m³

Kabel sorgfältig verlegen und ausrichten

Kabel mit einem Gewicht von über 7 kg/m   m

Kabel mit einem Gewicht von etwa 6—7 kg/m   m

Kabel mit einem Gewicht von etwa 5—6 kg/m   m

	Preis	Montage
Kabel mit einem Gewicht von etwa 4—5 kg/m m		
Kabel mit einem Gewicht von etwa 3—4 kg/m m		
Kabel mit einem Gewicht von etwa 2—3 kg/m m		
Kabel mit einem Gewicht unter 2 kg/m m		
Das verlegte Kabel mit Ziegelsteinen abdecken einschl. Lieferung und Abtransport der Ziegelsteine		
mit 4 Stck/m m		
mit 8 Stck/m m		
mit 12 Stck/m m		
mit 16 Stck/m m		
mit 20 Stck/m m		
das verlegte Kabel mit vorher ausgegrabenen und seitlich abgesetzten altbrauchbaren Ringofensteinen abdecken		
mit 4 Stck/m m		
mit 8 Stck/m m		
mit 12 Stck/m m		
mit 16 Stck/m m		
mit 20 Stck/m m		
Eternitrohre oder gleichwertige ϕ 100 mm liefern, auf der Baustelle verteilen und sachgemäß verlegen ohne Lieferung		
Zulage für Kabel durch vorhandenes Rohr durchziehen m		
Kabel herausnehmen, nach Anweisung des Auftraggebers in Stücke schneiden, **aufladen** und zum Lager transportieren und abladen		
mit einem Gewicht von mehr als 10 kg/m m		
mit einem Gewicht von 7—10 kg/m m		
mit einem Gewicht von 5—7 kg/m m		
mit einem Gewicht von 3—5 kg/m m		
mit einem Gewicht von weniger als 3 kg/m m		

	Preis	Montage

Gestellung eines Kompressors bis 3,5 m³ Saugleistung einschl. Bedienung, Zubehör und Treibstoff   Std.

Herstellen von Mauerdurchbrüchen
25 cm starkes Ziegelmauerwerk   Stck.

38 cm starkes Ziegelmauerwerk   Stck.

38 cm starker Beton   Stck.

38 cm starkes Bruchsteinmauerwerk   Stck.

51 cm starkes Ziegelmauerwerk   Stck.

51 cm starker Beton   Stck.

51 cm starkes Bruchsteinmauerwerk   Stck.

75 cm starkes Bruchsteinmauerwerk   Stck.

75 cm starker Beton   Stck.

alte Siederohre etwa 70 mm $\emptyset$ liefern und in Längen bis 100 cm in die Mauerdurchbrüche einbauen, einschl. Abdichtung der Rohre gegen Eindringen von Feuchtigkeit   Stck.

in vorhandene Rohre eingezogene Kabel mit Teerstrick abdichten und von außen mit Asphalt vergießen   Stck.

ausgehobene Bodenmasse zur Erreichung steinfreien Bodens für die Abdeckung der Kabel durchwerfen und in den Gräben einbringen   m³

Lieferung von Grubensand frei Baustelle und Einbringen in den Graben   m³

Kabeltrommeln am Lagerplatz auf Tieflader aufladen, zur Verwendungsstelle transportieren und abladen, einschl. Rücktransport der leeren Trommeln zum Lagerplatz einschl. Gestellung des Tiefladers   t

aufgetrommeltes altes Kabel zum Lager bringen   t

Gestellung von Nacht- und Sonntagswachen für bereits verlegte oder freigelegte Kabel, solange der Graben nicht zugeworfen werden kann, wird auf Anordnung und Nachweis nach AV-Stundensätzen bezahlt

Stellen von Warnlampen, wenn solche länger als 3 Nächte an der gleichen Stelle benötigt werden   je Lampe und Nacht

	Preis	Montage

Verschiedenes

Außervertragliche Arbeiten, sowie Über-, Nacht-, Sonn- und Feiertagsstunden können nur mit vorheriger Genehmigung der Bauleitung vergütet werden. Für diese Arbeiten, die durch evtl. notwendige Provisorien bzw. aus betrieblichen Gründen notwendig sind, werden von der Bauleitung die Stundenzettel bescheinigt. Nicht bescheinigte Stunden werden nicht anerkannt.

Für außervertragliche Arbeiten gelten folgende Verrechnungssätze:

Erd- und Bauarbeiter

Schachtmeister	je Std.	DM
Vorarbeiter	je Std.	DM
Maurer	je Std.	DM
Pflasterer	je Std.	DM
Bauhelfer	je Std.	DM
Hilfsarbeiter	je Std.	DM

$+$ % Zuschlag

Für Über-, Nacht-, Sonn- und Feiertagsstunden werden auf die vorgenannten Verrechnungssätze folgende prozentuale Zuschläge berechnet:

für Mehrarbeitsstunden	%
für Nachtarbeit im Rahmen von Wechselschicht	%
für Nachtarbeit im Anschluß an Tagesarbeit	%
für Sonntagsarbeit	%
für Arbeiten an gesetzlichen Feiertagen	%

Erdungen 6, 10, 20, 31, 56

Nulleitererdungen als Oberflächenerdungen aus verzinktem Bandeisen 30×3,5 mm bis 10 m am Holzmast und 40 m im Erdboden verlegt, einschl. Prüfklemme und Holzschutzleiste, Freileitungsklemme und Kabelschuh

	Preis	Montage

desgleichen, jedoch für Verlegung über Hausdächer und an Häuserwänden bis 15 m lang, mit Dachleitungsstützen, 40 m im Erdboden verlegt, sonst wie vor, Erdung isoliert vom Dachständer

Mehrlänge verzinktes Bandeisen 30 × 3,5 mm   je m = 0,87 kg

Mehrpreis für Rohrerder aus verzinktem Stahlrohr 70 mm Außendurchmesser, 2 m lang, mit Anschlußfahne und Schrauben zum Anschluß des Erdbandes

Erdungsschutzleisten

an Holzmasten   2 m lang

an Mauerwerk   2 m lang

Erdungslitze

Kupfer, vieldrähtig, 4 mm²

Krampen für Bandeisen

	Preis	Montage
Fekus-Hausanschlußsicherung		
gleichzeitig Dachständerfuß 44		
Freiluft-Mastendverschlüsse 20, 29		

	Preis	Montage

Giebelanschlüsse

Vierleiter-Giebelanschlüsse mit NSYA   siehe 1
4×10 mm² Cu mit übergeschobener   57, 58
Perlisolation in Stahlrohr, mit normaler   16, 32
Panzersicherung $3 \times 25/0$ A, mit   1, 20, 22, 23, 55
Sicherungseinsätzen kompl. Die Panzersicherung
soll möglichst die Wanddurchführungsendtülle überdecken

desgleichen, jedoch mit 4×16 mm²
mit PZ $3 \times 60/0$ A   1, 20, 22, 23, 55

Zweileiter-Giebelanschlüsse mit NSYA 2×10 mm²
mit Panzersicherung $1 \times 25/0$ A,
sonst wie vor   1, 20, 22, 23, 55

Gips   100 kg

Glühlampen   11, 36

Gittermaste   4, 46

Preis   Montage

Hauseinführungen

Vierleiter-Dachständereinführungen bis
5 m Länge mit NSYA 4×10 mm² Cu mit   siehe L
übergeschobener Perlisolation ab Panzersicherung   57, 58
bis 20 cm über die Dachhaut, einschl.
angeschellter Panzersicherung,   1, 20, 22, 23, 55
Fabrikat $3\times25/0$ A, mit

Sicherungseinsätzen und Porzellan-Stern-   20, 22, 23,
einführungskopf mit Gummidichtung,   30, 31, 47,
Fabr.   , braun glasiert,   55, 56
ohne Freiteitungsklemme

desgleichen, jedoch **ohne** Panzersicherung

Vierleiter-Dachständereinführungen bis
5 m Länge mit NSYA 4×16 mm² Cu mit   siehe L
übergeschobener Perlisolation ab Panzersicherung   57, 58
bis 20 cm über die Dachhaut, einschl.
angeschellter Panzersicherung   1, 20, 22, 23, 55
Fabr. $3\times60/0$ A mit

Sicherungseinsätzen und Porzellan-Stern-   20, 22, 23,
einführungskopf mit Gummiabdichtung   30, 31, 47,
Fabr.   , braun glasiert,   55, 56
ohne Freileitungsklemmen

desgleichen, jedoch ohne Panzersicherung

Zweileiter-Dachständereinführungen bis
5 m Länge mit NSYA 2×10 mm² Cu mit   siehe L
übergeschobener Perlisolation ab Panzersicherung   57, 58
bis 20 cm über die Dachhaut, einschl.
angeschellter Panzersicherung   1, 20, 22, 23, 55
Fabr. $1\times25/0$ A, mit   20, 22, 23,
Sicherungseinsätzen und Porzellan-Stern-   30, 31, 47,
einführungskopf mit Gummiabdichtung,   55, 56
ohne Freileitungsklemmen

desgleichen, jedoch ohne Panzersicherung

	Preis	Montage

Dachständereinführungen wie vor jedoch
mit NBU 2×10 mm²
mit NYRUZY 4×25 mm² Pz 3×100 A
mit NSYA 4×25 mm² mit Distanzringen

desgleichen, jedoch **ohne** Panzersicherung

Hausanschluß an Holzmast mit
NYRUZ 2×10 mm² auf Isolierstoff-   siehe L
abstandschellen montiert, 10 m lang,
mit Übergangskopf und normaler   22, 23, 55
Panzersicherung 1×25/0 A mit Einsätzen

desgleichen, jedoch 4×10 mm²

Holzmaste nach den technischen Bedingungen für Lieferung
und Imprägnierung von Leitungsmasten aus Holz für Elek-
trizitätsversorgungsunternehmen (EVU)

Einfachholzmaste * Type 9/20   140 kg

                        10/21   165 kg

                        11/22   195 kg

                        12/23   230 kg

                        13/23   250 kg

                        14/24   280 kg

                        15/25   320 kg

Holz-A-Maste   Type 9/20

(keine Postregelmaste)   12/23

                         13/23

                         14/24

                         15/25
                                    2, 17, 21, 27

---

* etwa — Gewichte für Fichte oder Tanne
  für Kiefer mit 0,85 dividiern

	Preis	Montage

Postregel-A-Maste Type 9/20 340 kg
*, **

10/21 390 kg

11/22 450 kg

12/23 510 kg

13/23 560 kg

14/24 620 kg

15/25 700 kg

Mastmontage

Einfach-Holzmaste bis 10 m lang aufstellen und einrichten,
einschl. aller Erdarbeiten in Bodenklasse 2,21 und 2,23
DIN 18300 einschl. Herstellen der erforderlichen Steinkränze,
jedoch ausschl. Lieferung der Steine, wenn diese nicht in un-
mittelbarer Nähe gefunden werden

desgleichen, jedoch 11—12 m lang, sonst wie vor

desgleichen, jedoch 13—14 m lang, sonst wie vor

desgleichen, jedoch 15—16 m lang, sonst wie vor

Holzmaststrebe bis 10 m lang verzimmern, streichen der
Schnittflächen mit Barol oder Inertol, aufstellen, einrichten,
einschl. aller Erdarbeiten in Bodenklasse 2,21 und 2,23
DIN 18300

desgleichen, jedoch 11—12 m lang, sonst wie vor

---

* etwa — Gewichte für Fichte oder Tanne
  für Kiefer mit 0,85 dividiern

** Preise für A-Maste verstehen sich für im Lieferwerk verzimmert, zusammengepaßt, mit Bauschrauben, zerlegt zum
Zusammenbau an Ort und Stelle

	Preis	Montage
Regel-A-Maste * nach Postvorschrift bis 10 m lang, verzimmern, streichen der Schnittflächen mit Barol oder Inertol, zusammenbauen, aufstellen, einrichten, einschl. aller Erdarbeiten in Bodenklasse 2,21 und 2,23 nach DIN 18300		
desgleichen, jedoch 11—12 m lang, sonst wie vor		
desgleichen, jedoch 13—14 m lang, sonst wie vor		
desgleichen, jedoch 15—16 m lang, sonst wie vor		

* Preise ermäßigen sich, wenn A-Maste fertig verzimmert angeliefert werden.

		Preis	Montage
Isolatoren	1, 20, 30, 31, 47, 55, 56		
Leere Stützisolatoren			
N 80 Porzellan weiß oder braun			
N 080 Porzellan weiß oder braun			
N 95 Porzellan weiß oder braun			
N 095 Porzellan weiß oder braun			
N 80 Porzellan grün			
N 080 Porzellan grün			
N 95 Porzellan grün			
N 095 Porzellan grün			
N 80 und 080 Glas			
N 95 und 095 Glas			
N 80a mit 2 Halsrillen weiß oder braun			
N 95a mit 2 Halsrillen weiß oder braun			
Aufhanfen einschl. Hanf usw.			
Armierte Stützisolatoren	1, 20, 31, 55, 56		
Gerade zylindrische Stütze mit			
N 80 Porzellan weiß oder braun NS 80 A			
N 080 Porzellan weiß oder braun NS 80 A			
N 95 Porzellan weiß oder braun NS 95 A			
N 095 Porzellan weiß oder braun NS 95 A			
N 80 Pozrellan grün NS 80 A			
N 080 Porzellan grün NS 80 A			

			Preis	Montage
N 95	Porzellan grün	NS 95 A		
N 095	Porzellan grün	NS 95 A		
N 80 und 080	Glas	NS 80 A		
N 95 und 095	Glas	NS 95 A		
Montage				
Gerade verstärkte Stütze mit		1, 20, 55, 56		
N 80	Porzellan weiß oder braun	NS 80 B		
N 080	Porzellan weiß oder braun	NS 80 B		
N 95	Porzellan weiß oder braun	NS 95		
N 095	Porzellan weiß oder braun	NS 95		
N 80	Porzellan grün	NS 80 B		
N 080	Porzellan grün	NS 80 B		
N 95	Porzellan grün	NS 95		
N 095	Porzellan grün	NS 95		
N 80 und 080	Glas	NS 80 B		
N 95 und 095	Glas	NS 95		
Montage				
Gebogene Einschraubstütze mit		1, 20, 55, 56		
N 80	Porzellan weiß oder braun	NS 80 E		
N 080	Porzellan weiß oder braun	NS 80 E		
N 95	Porzellan weiß oder braun	NS 95 E		
N 095	Porzellan weiß oder braun	NS 95 E		
N 80	Porzellan grün	NS 80 E		

		Preis	Montage
N 080 Porzellan grün	NS 80 E		
N 95 Porzellan grün	NS 95 E		
N 095 Porzellan grün	NS 95 E		
N 80 und 080 Glas	NS 80 E		
N 95 und 095 Glas	NS 95 E		
Montage			

Gebogene Stütze für Stein mit 1, 20, 55, 56

N 80 Porzellan weiß oder braun	NS 80 G		
N 080 Porzellan weiß oder braun	NS 80 G		
N 95 Porzellan weiß oder braun	NS 95 G		
N 095 Porzellan weiß oder braun	NS 95 G		
N 80 Porzellan grün	NS 80 G		
N 080 Porzellan grün	NS 80 G		
N 95 Porzellan grün	NS 95 G		
N 095 Porzellan grün	NS 95 G		
N 80 und 080 Glas	NS 80 G		
N 95 und 095 Glas	NS 95 G		
Montage			

Gebogene Durchschiebestütze mit 1, 20, 55, 56

N 80 Porzellan weiß oder braun	NS 80 F		
N 080 Porzellan weiß oder braun	NS 80 F		
N 95 Porzellan weiß oder braun	NS 95 F		
N 095 Porzellan weiß oder braun	NS 95 F		
N 80 Porzellan grün	NS 80 F		

	Preis	Montage
N 080 Porzellan grün NS 80 F		
N 95 Porzellan grün NS 95 F		
N 095 Porzellan grün NS 95 F		
N 80 und 080 Glas NS 95 F		
N 95 und 095 Glas NS 95 F		
Montage		
Anschraubstütze * mit 1, 20, 55, 56		
N 80 Porzellan weiß oder braun AH 80		
N 080 Porzellan weiß oder braun AH 80		
N 95 Porzellan weiß oder braun AH 95		
N 095 Porzellan weiß oder braun AH 95		
N 80 Porzellan grün AH 80		
N 080 Porzellan grün AH 80		
N 95 Porzellan grün AH 95		
N 095 Porzellan grün AH 95		
N 80 und 080 Glas AH 80		
N 95 und 095 Glas AH 95		
Montage		
Mehrpreis auf Position 1 oder 3 bei Bestückung der verschiedenen Stützen mit		
N 80a mit 2 Halsrillen		
N 95a mit 2 Halsrillen		
Isolatoren reinigen		

* einschl. Preis für $^{1}/_{2}$ Maschinen-Schraube M 16 × 240 Mu

I

	Preis	Montage

	Preis	Montage

Kupfer   1, 14, 19, 24, 25, 37, 45, 55, 60

Kupferdraht

10 mm² 3,57 mm ϕ 89,0 kg   % kg

Kupferseil   1, 14, 19, 24, 25, 37, 45, 55, 60

10 mm² 7×1,35 mm ϕ 91,5 kg   %kg

16 mm² 7×1,7 mm ϕ 145,5 kg   %kg

25 mm² 7×2,1 mm ϕ 222,0 kg   %kg

35 mm² 7×2,5 mm ϕ 315,0 kg   %kg

50 mm² 19×1,8 mm ϕ 444,0 kg   %kg

70 mm² 19×2,1 mm ϕ 604,5 kg   %kg

95 mm² 19×2,5 mm ϕ 856,0 kg   %kg

DEL-Notiz   DM

Kupfer-Bindedraht   1, 14, 19, 24, 25, 37, 45, 55, 60

1,4—3,99 mm ϕ — 2,5—10 mm²   %kg

Zuschläge für Mindermengen und abteilen von Ringen usw.
beachten.

Klemmengarnituren   20, 31, 55, 56

für Anker bestehend aus
2 Drahtseildoppelklemmen DIN 48335
2 Kauschen DIN 48170 Bl. 3
m Ankerseil 70 mm², Stahl St. II,
19 drähtig DIN 48201

K

	Preis	Montage

Kerbverbinder 3, 38, 39, 51, 63

für Al-Seile 70 mm²,
Fabr.   Nr.

desgleichen für Seil 50 mm²
Fabr.   Nr.

desgleichen für Seil 35 mm²
Fabr.   Nr.

desgleichen für Seil 25 mm²
Fabr.   Nr.

Kerbverbinder für Kupferseil 3, 38, 39, 57, 63

für 70 mm²
Fabr.   Nr.

desgleichen für 50 mm²
Fabr.   Nr.

desgleichen für 35 mm²
Fabr.   Nr.

desgleichen für 25 mm²
Fabr.   Nr.

desgleichen für 16 mm²
Fabr.   Nr.

desgleichen jedoch für Kupferdraht 10 mm²
Fabr.   Nr.

Al-Cu-Zahnkabelschuhe 3, 38, 39, 57, 63

für Seil 35 — 70 mm²
Fabr.   Nr.

für die Anschlüsse der Trennschalter

36

		Preis	Montage

Cu-Zahnkabelschuhe 3, 38, 39, 57, 63
für Seil 35—70 mm²
Fabr.   Nr.

für die Anschlüsse der Trennschalter

Cu-Abzweigklemmen siehe unter A

Cu-Endbundklemmen siehe unter E

Kabelschutzrohr 20, 31, 56
geteilt, 40 mm l. W.   m

dazu je m 2 Keilklemmverbinder   º/o

Kabelmerksteine   40

Kabelabdeckhauben

40 mm ⌀   º/oo

50 mm ⌀ leicht   º/oo

60 mm ⌀   º/oo

70 mm ⌀ leicht   º/oo

Kabelformsteine

1-zügig einteilig

2-zügig einteilig

3-zügig einteilig

4-zügig einteilig

1-zügig zweiteilig

2-zügig zweiteilig

3-zügig zweiteilig

4-zügig zweiteilig

K

Kabelverteilerschränke

für 4 Abgänge einschl. NH-Sicherungsunterteilen zum Einsetzen von NH-Sicherungen bis 200 A einschl. Kupfersammelschienen, mit abnehmbaren Außenwänden, mit Innenbeleuchtung, die beim Schließen der Türen selbst ausschaltet, einschl. Bedienungsgriff für NH-Sicherungen mit Messerkontakten, einschl. der erforderlichen Kabelendverschlüsse und Befestigungsteile

Fabr.   Nr.

desgleichen, jedoch für 6 Abgänge   12, 13, 20, 28, 42

Kabelgarnituren   14, 19, 20, 24, 25, 29, 37, 40, 45, 55, 59

Kabel   14, 19, 24, 25, 37, 45, 55, 59

Kabel-Zubehör   14, 19, 20, 24, 25, 29, 37, 45, 55, 59

Isoband „Prima" schwarz   Rolle

Isoband „Prima" weiß   Rolle

Isolta-Diagonal-Öllackleinenband gelb
Nr. 12 0,18 — 0,20 mm, 20 mm breit $^0/_0$ m

Kabelschnur Knäuel etwa 250 g

0,5 mm   kg

1,0 mm   kg

1,5 mm   kg

Rattina-Putzlappen $^0/_0$ kg

Kabelvergußmasse
E 8 im Erdboden und Freien 150° $^0/_0$ kg

E 48 in Gebäuden und Kanälen 190° $^0/_0$ kg

Kabellack

Rostschutzfarbe RAL 6011

Lötzinn 40 $^0/_0$ kg

Lötbenzin   Liter

	Preis	Montage

	Preis	Montage

Leitungen   14, 19, 24, 25, 37, 45, 55 ,59

2×NSYA 10 mm², mit (Perlisolation, 57, 58)
        in Stahlrohr 23,6 mm l. W.   16, 32

4×NSYA 10 mm², mit (Perlisolation, 57, 58)
        in Stahlrohr 43 mm l. W.   16, 32

4×NSYA 16 mm², mit (Perlisolation, 57, 58)
        in Stahlrohr 43 mm l. W.   16, 32

NYRUr 2×10 mm², mit anteiligen Schellen und Endtüllen

NYRUr 4×10 mm², sonst wie vor

NYRUr 4×16 mm², sonst wie vor

Lötzinn mit 40 %   kg

Lötbenzin   Liter

Lötfett, säurefrei

Leuchten   33, 40, 43, 49, 50, 52, 54, 55, 61, 62
Langfeldleuchten   Aufsatzleuchten   Hängeleuchten

			Preis	Montage

Mastfüße aus Beton

Mastlänge	Eingrabtiefe	Spitzenzug
9—11 m	1,50 m	1000 kg
12—14 m	1,75 m	1000 kg
9—10 m	1,50 m	2000 kg
11—13 m	1,75 m	2000 kg
14 m	2,10 m	2000 kg
10—12 m	1,75 m	2500 kg
13—14 m	2,10 m	2500 kg
9—11 m	1,75 m	3000 kg
12—14 m	2,10 m	3000 kg

für A-Maste

mit 2 Füßen und 2 Fundamentplatten

	Eingrabtiefe	Spitzenzug
	2,10 m	1000 kg
	2,10 m	2000 kg
	2,10 m	3000 kg

Mastkappen 5, 9

bis 180 mm ⌀ aus verzinktem Eisenblech mit Holzschraube

Maschinenschrauben, verzinkt   8, 20, 31, 55, 56

DIN 601 M 16 × 40 Mu	% Stück
M 16 × 45 Mu	% Stück
M 16 × 90 Mu	% Stück
M 16 × 120 Mu	% Stück
M 16 × 160 Mu	% Stück

		Preis	Montage
M 16×180 Mu	% Stück		
M 16×200 Mu	% Stück		
M 16×220 Mu	% Stück		
M 16×240 Mu	% Stück		
M 16×250 Mu	%Stück		
M 20× 80 Mu	% Stück		
M 20×100 Mu	% Stück		
M 20×110 Mu	% Stück		
M 20×280 Mu	% Stück		
M 20×320 Mu	% Stück		
M 20×360 Mu	% Stück		
M 20×400 Mu	% Stück		

Montagesätze

Obermonteure

Selbständige und Spezialmonteure

Monteure

Hilfsmonteure

Hilfsarbeiter

Tagessätze, auswärts

Oberingenieure und Spezialmonteure

Ingenieure

Montagemeister und Inspektoren

	Preis	Montage
Zuschläge usw.		
Lastwagen ohne Anhänger — Stunden		
Lastwagen mit Anhänger — Stunden		
Kabelmontage		
Mast- oder Freiluftendverschlüsse — 20, 29		

	Preis	Montage

Nachbaranschlüsse

Vierleiter-Nachbaranschlüsse   siehe L
mit $4\times$NSYA 10 mm², mit übergeschobener   57, 58
Perlisolation in Staro bis 2,5 m lang,   16, 32
mit normaler Panzersicherung   1, 20, 22, 23, 55
$3\times$25/0 A mit Einsätzen kompl.

Zweileiter-Nachbaranschluß   siehe L
mit $2\times$NSYA 10 mm²,   57, 58
mit normaler Panzersicherung   1, 20, 22, 23, 55
$1\times$25/0 A mit Einsätzen kompl., sonst wie vor   16, 32

Vierleiter-Nachbaranschluß   siehe L
mit NYRUr $4\times$10 mm² bis 4 m lang,   57, 58
einschl. normaler Panzersicherung   1, 20, 22, 23, 55
$3\times$25/0 A und **vorgeschalteter,** angeschellter   16, 32
Panzersicherung $3\times$60/0 A mit Einsätzen kompl.

Zweileiter-Nachbaranschluß   siehe L
mit NYRUr $2\times$10 mm² bis 4 m lang ,   57, 58
mit normaler Panzersicherung $1\times$25/0 A   1, 20, 22, 23, 55
    16, 32

Natriumdampflampen   11, 36

	Preis	Montage

Panzersicherungen — 1, 20, 22, 23, 55

einschl Sicherungseinsätzen für

Wandbefestigung   1×25/0

3×25/0

3×60/0

Dachständerbefestigung   1×25/0

3×25/0

3×60/0

Fekus-Panzersicherungen — 44

Perlschlauch — 57, 58

Palesit für Isolierung von Betonsockeln — kg

Peitschenmaste

Stahl — 4, 20, 34, 35, 46, 54, 61

Beton — 5, 9

	Preis	Montage

Querträger UNP 6^1/$_2$ × 400 mm 3″ 20, 31, 55, 56
einarmig für 1 Stützisolator mit Schelle
und 2 Maschinenschrauben M 16 × 45

Querträger UNP 6^1/$_2$ × 580 mm 3″
zur Aufnahme von 2 Stützisolatoren mit Schelle
und 2 Maschinenschrauben M 16 × 45

desgleichen, jedoch 700 mm 3″
Sonderanfertigung   Richtpreis

desgleichen, jedoch 1100 mm 3″
Sonderanfertigung   Richtpreis

desgleichen, jedoch 1600 mm 3″
zur Aufnahme von 4 Stützisolatoren
Sonderanfertigung   Richtpreis

Ausführung für Dachständer 3^1/$_2$″ Mehrpreis

Querträger UNP 6^1/$_2$ × 1600 mm 3″
für Doppelständer zur Aufnahme von 4 Stützisolatoren
mit 2 Schellen und 4 Maschinenschrauben M 16 × 45
Sonderanfertigung   Richtpreis

für Dachständer 3^1/$_2$″ Mehrpreis

Querträger UNP 6^1/$_2$ × 400 mm
für Holzmaste, einarmig,
für 1 Stützisolator mit Ziehband 170,
mit Querträgerstrebe aus Flacheisen 40 × 5 × 290 mm
und 1 Schlüsselschraube M 16 × 100 Mu

Querträger UNP 6^1/$_2$ × 580 mm
für Holzmaste, mit Ziehband 170 zur Aufnahme von
2 Stützisolatoren, 1 Querträgerstrebe aus Flacheisen
40 × 5 × 290 mm, 1 Schlüsselschraube 16 × 100 mm

desgleichen, jedoch 700 mm
mit Querträgerstrebe 360 mm lang

desgleichen, jedoch 800 mm
mit Querträgerstrebe 430 mm lang
desgleichen, jedoch 1600 mm
mit 2 Querträgerstreben 290 mm lang

desgleichen, jedoch 800 mm
für Winkel-A-Maste
mit 2 Maschinenschrauben M 16 × 250 Mu
und 2 Vierkantunterlegscheiben 50 × 50 × 6 mm   20, 31, 55, 56

	Preis	Montage

Querträger UNP 6¹/₂ × 400 mm
für Holzmaste, einarmig, für Isolator mit Ziehband 170
und Vorlegeplatte 100 × 6

desgleichen, jedoch 580 mm
für Holzmaste, für 2 Isolatoren mit Ziehband 170
und Vorlegeplatte aus Flacheisen 100 × 6 mm

desgleichen, jedoch 700 mm
für Holzmaste. Sonderanfertigung   Richtpreis

desgleichen, jedoch 800 mm
für Holzmaste. Sonderanfertigung   Richtpreis

Querträgerkreuze siehe unter Abspannkreuze

Montage   20, 31, 55, 56

Querträger an Dachständer

      an Doppeldachständer

      an Holzmast

      an Winkelmast

Quecksilberdampf-Hochdruck-Lampen   11, 36

		Preis	Montage
Rohrabschlußhauben	8, 20, 31, 55, 56		
für Siederohr 3″			
für Siederohr 3¹/₂″			
Rohrerder siehe unter Erdungen E	6, 10, 20, 31, 56		

	Preis	Montage

Sand einschl. Anfuhr m^3

(Sandbettung 10 cm im Kabelgraben,
1 m^3 reicht für 25 m Kabelgraben)

Siederohr   16, 20, 31, 34, 55, 56

76 mm = 3″

89 mm = $3^1/_2$″

Schäkelisolatoren, weiß und braun   1, 20, 30, 47, 55, 56

Type S 80

     S 080

     S 115

     S 0115

Schaltanlagen   1, 12, 13, 14, 28, 29, 44, 55

Schäkelbügel, verzinkt   1, 20, 31, 55, 56

Type B 80g aus Flacheisen 40×6,5 mm
mit Schäkelbolzen 18×113 mm, 1 Splint 5×40 mm
und 2 Unterlegscheiben 20 mm Innen-∅,
ohne Befestigungsschraube

desgleichen, jedoch mit 2 Befestigungsschrauben
M 16×20 mm und
2 Vierkant-Unterlegscheiben 50×50×5 mm

Type B 115g aus Flacheisen 50×8 mm
mit Schäkelbolzen 28×157 mm,
2 runde Unterlegscheiben 30 mm Loch-∅,
1 Splint 50×5 mm, ohne Befestigungsschrauben

desgleichen, jedoch mit 2 Befestigungschrauben
M 16×220 mm
und 2 Vierkant-Unterlegscheiben 50×50×5 mm

	Preis	Montage

Laschen für einseitige Abspannung von Schäkelisolatoren S 115, 2 Flacheisen 50×8 mm, 1 Schäkelbolzen 20×157 mm,

2 runde Unterlegscheiben 30 mm Loch ⌀
1 Splint 50×5 mm
1 Maschinenschraube M 20×110 mm

desgleichen, jedoch für zweiseitige Abspannung,
zusätzlich 1 Schäkelbolzen, 1 Splint
und 2 runde Unterlegscheiben

Einfach-Schellenstützenträger   1, 20, 31, 55, 56

aus Flacheisen 50×12 mm verzinkt, 250 mm Ausladung,
einschl. 2 Maschinenschrauben M 16×40 Mu
für Dachständer 3″ und 3½″

ohne Isolator

mit Isolator N 80

mit Isolator N 95

Doppel-Schellenstützenträger   1, 20, 31, 55, 56
wie vor jedoch 500 mm Phasenabstand

ohne Isolator

mit Isolator N 80

mit Isolator N 95

Schaltuhren für Straßenbeleuchtung   1, 15, 53, 55

	Preis	Montage
Stahl-Aluminiumseile 1, 14, 55, 60		
Stahlrohr ohne Isolation 16, 32		
Type 16 Innen, 19,8 mm Außen 22,5 mm m		
21 Innen 25,3 mm Außen 28,3 mm m		
29 Innen 33,6 mm Außen 37,0 mm m		
36 Innen 43,0 mm Außen 47,0 mm m		
42 Innen 49,5 mm Außen 54,0 mm m		
48 Innen 54,3 mm Außen 59,3 mm m		
Stahlrohrmaste 4, 20, 34, 35, 46, 54, 61		
Sterneinführungskopf für Dachständer 20, 22, 23, 30, 31, 47, 55, 56		
Straßenüberspannungsmaterial		
Abspannring 65 mm ⌀ 48, 49		
Befestigungsschellen 39, 49		
Endabspannklemme 39		
Hänge- oder Abspannklemme 39, 48		
300 kg 7, 39		
500 kg 7, 39		
Keilendklemmen		
1000 kg 39, 48		
2000 kg 39, 48		
Klemmhaken (6 mm) 39, 48		
Kreuzklemme —10 mm 6, 10, 39		

		Preis	Montage
Mastschelle —190 mm $\emptyset$	20, 31, 39, 56		
Mastseilschlaufen	39		
Mauerhaken 5/8″ — 1000 kg	39, 48, 49		
3/4″ — 2000 kg	39, 48, 49		
Schäkel 5/8″	20, 31, 39, 56		
Schnallenisolatoren 500 kg	20, 39, 48		
1000 kg	20, 39, 48		
Spannschlösser M 16	6, 20, 31, 39, 56		
M 20	6, 20, 31, 39, 56		
Stahldraht 5 mm St II 100 m/16 kg	kg		
Stahlseil 35 mm² St III 19 drähtig 100 m/27 kg			
Stützen für Isolatoren, verzinkt	1, 20, 31, 55, 56		
gerade zylindrische Stützen	NS 80 A		
gerade verstärkte Stützen	NS 80 B		
	NS 95		
gebogene Einschraubstützen	NS 80 E		
	NS 95 E		
gebogenen Stützen für Stein	NS 80 G		
	NS 95 G		
gebogene Durchschiebestützen	NS 80 F		
	NS 95 F		
Anschraubstützen *)	AH 80		
	AH 95		

*) erforderlich für 2 Anschraubstützen, 1 Maschinenschraube
M 16 × 240 Mu

	Preis	Montage

Streicharbeiten

Sämtliche mit Bleimennige grundierten Eisenteile, wie Dachständer, Querträger, Stützen, Anker, welche in unverzinkter Ausführung vom Auftraggeber geliefert worden sind, 2 mal mit grauer Deckfarbe streichen:

Dachständerrohr

Ständeranker

Mastanker

Querträger

Schellenstützen

Querträger an Dachständer oder Holzmast einschl. Isolatorenstützen entrosten und streichen

Dachständer entrosten, grundieren, 2 mal streichen, einschl. Nacharbeiten der Dachabdichtung, sowie aller Neben- und Dacharbeiten (ohne Dachziegellieferung)

Dachständeranker sonst wie vor

	Preis	Montage
Trennschalter, einpolig 18, 39, 41		

Trennschalter, einpolig   18, 39, 41

Fabr.   Type   LNr.

200 A mit gegenüber der Normalausführung um 180° versetzten, abgewinkelten Schaltermesser, einschl. Befestigunsschnalle

Trennschalter, einpolig,   18, 39, 41

Fabr.   Nr.

braun mit PVC-Isolation

Trennsicherung, einpolig

Fabr.   Type   Nr.

für 100 A mit Stützisolator und Einschraubstütze, jedoch ohne Schmelzstreifen

Traversen, siehe unter Querträger   1, 20, 31, 55, 56

Tritteisen, einfach aus Flacheisen 40 $\times$ 8 mm, einschl.
2 Maschinenschrauben M 12 für Dachständer 3″ und 3¹/₂″
verzinkt   1, 20, 31, 55, 56

Tritteisen, doppelt, sonst wie vor   1, 20, 31, 55, 56

Teeerstrick, imprägniert

Teerband   40 mm breit

           100 mm breit

	Preis	Montage

Überspannungsableiter   26, 55
für Mastbefestigung kompl. mit Halteschelle, ohne Klemmen
Fabr.

zum Einhängen in die Leitung mit flexiblem Erdanschlußseil
16 mm², 0,5 m lang

für **Kupferleitung** 6—70 mm²
Fabr.

für **Aluminium-Leitung** 16—120 mm²
Fabr.

Übergangskopf   22, 23, 55
für Feuchtraumleitung 4×10 mm²

Verteilerrahmen für Gittermaste

Verlängerungslaschen siehe unter Anker A

Werkzeuggestellung
auf die Abrechnungsbeträge der Leistungen ohne Beträge
für Lohnnebenkosten

Wickelband, siehe unter Aluminium A   % kg

	Preis	Montage

Zugisolatoren mit verzinkter Tempergußkappe, weiß oder braun glasiert:

Type Z 80 Strunk ϕ 35/40 mm — 1, 20, 30, 31,

Z 080 Strunk ϕ 35/40 mm — 47, 56, 57

Z 95 Strunk ϕ 45/50 mm

Z 095 Strunk ϕ 45/50 mm

Porzellanzugisolatoren weiß oder braun glasiert — 18, 41
Fabr. (Druck beanspr.)

Type D 95 mit verzinktem Aufhängebügel

D 095 mit verzinktem Aufhängebügel

D 95 i mit PVC-isoliertem Aufhängebügel

Abspannbolzen für Zugisolatoren
Maschinenschrauben M 20×80 Mu — º/o

M 20×100 Mu — º/o

Hakenösen aus verzinktem Stahl

Schäkel Größe 1, ⁵/₈″ DIN HNA Lg. 101

Ziegelsteine 7×13×25 cm — º/oo
mit Fuhrlohn

Zopfbandage

Zement — ab Werk t
frei Baustelle t

Bezugsquellen-Verzeichnis

Die mit * bezeichneten Firmen unterrichten in Selbstanzeigen
über ihr Produktionsprogramm

* 1. AEG Hauptverwaltung, Frankfurt a. M., AEG-Hochhaus

  2. Allgäuer Holzindustrie GmbH., Aulendorf (Württ.)

* 3. Bayrische Schrauben- und Federnfabrik Richard Bergner Abt. J. W. Hofmann, Schwabach bei Nürnberg

  4. Benteler Werke AG., Bielefeld, Postfach 225

  5. Betonschleuderwerk Erlangen

  6. Bettermann, Fr., Lendringsen bei Menden (Sauerland)

  7. Bischoff & Hensel, Mannheim, Friesenheimer Str. 6 a

* 8. Brückel, Robert, oHG., Lang-Göns bei Gießen

  9. Carstanjen & Cie., Duisburg

 10. Dehn & Söhne, Nürnberg, Rennweg 11/15

 11. Deutsche Philips GmbH., Hamburg 1, Mönckebergstr.

 12. Driescher, Fritz jr., KG, Moosburg (Obb.)

 13. Driescher, Fritz, KG., Rheydt (Rhld.)

* 14. Felten & Guilleuame Carlswerk AG., Köln-Mülheim

* 15. Firchow, Paul, Nachf., Frankfurt, Baseler Str. 27—31

 16. Fränkische Isolierrohr- und Metallwarenwerke, Königsberg (Bayern)

 17. Fürstenbergisches Sägewerk, Hüfingen (Baden)

 18. Göhre, Kurt, Dr.-Ing., Bad Vilbel, Friedberger Str. 126

* 19. Hackethal Draht- und Kabelwerke AG., Hannover, Stader Landstr. 1

 20. Hannemann, Gebr. & Cie., Düren (Rhld.), Monschauer Str. 64

 21. Himmelsbach, I., KG., Freiburg (Brsg.)

 22. Hoppmann & Mulsow, Hamburg 19, Sillemstr. 76

* 23. Jordan, Paul, Berlin-Stegliz, Gravelottestr. 13

 24. Kabelwerk Duisburg, Duisburg (Rhld.), Postfach 462

 25. Kabelwerk Rheydt AG., Rheydt (Rhld.)

 26. Kathrein, Anton, Rosenheim

 27. Katz & Klumpp AG., Gernsbach (Baden)

 28. Kehrs, C. W. & Co., GmbH., Kettwig (Ruhr)

29. Köttgen & Cie. GmbH., Bergisch-Gladbach

30. Kronacher Porzellanfabrik, Kronach (Bayern)

31 Kronenberg AG., Leichlingen (Rhld.)

* 32. Kronprinz AG., Solingen-Ohligs, Weyerstr. 112/114

* 33. Lenze KG., Abt. Trilux, Neheim-Hüsten

34. Mannesmann Röhrenwerke AG., Nürnberg 2, Äußere Bayreuther Str. 310

35. Mauser Leichtrohrmast GmbH., Düsseldorf, Grünstr. 12

36. Osram GmbH. KG., Hauptverwaltung, München

37. Osnabrücker Kupfer- u. Drahtwerk, Osnabrück

38. Petri, Wilhelm, KG., Marburg (Lahn)

* 39. Pfisterer, Karl, Stuttgart-Untertürkheim, Augsburger Str. 375

40. Pötter & Schütze KG., Essen-Rellinghausen

* 41. Purrmann, Max, KG., Düsseldorf-Holthausen, Bonner Str. 118

42. Quante, Wilh., Wuppertal-Elberfeld, Uellendahler Str. 353

43. Rechlaternen Herstellungs- und Vertriebs-KG., Oberbieber bei Neuwied (Rhein)

* 44. Rheinelektra, Worms, Töpferstr. 14

45. Rheinische Draht- und Kabelwerke GmbH., Köln-Riehl

46. Rieth & Sohn, Berlin N 20, Drontheimer Str. 28—31

47. Rosenthal Isolatoren GmbH., Selb (Bayern)

48. Ruf, Hermann, Mannheim-Neckarau, Postfach 89

49. Schaefer, C. A., KG., Abt. Hellux, Hannover, Brandestr. 14

50. Schanzenbach, G. & Co. GmbH., Frankfurt, Adalbertstr. 15—17

* 51. Schiffmann, A., München 13, Adalbertstr. 38—42

52. Schneider, Dr.-Ing. & Co., Frankfurt, Rebstöcker Str. 55

53. Schröder Apparatebau KG., Stuttgart-Feuerbach

54. Schuch, Adolf, KG., Worms (Rhein), Postfach 150

55. Siemens-Schuckertwerke AG., Hauptverwaltung Erlangen

56. Söll, Karl, Hof (Saale), Gesenkschmiede

57. Steatit-Magnesia AG., Holenbrunn bei Wunsiedel

58. Stettner & Co., Lauf bei Nürnberg

* 59. Süddeutsche Kabelwerke, Mannheim

60. Vereinigte Metallwerke, Frankfurt-Heddernheim

61. Vulkan AG., Köln-Ehrenfeld, Lichtstr. 43

62. Wessel-Werk GmbH., Wildberger Hütte (Bez. Köln)

63. Wirschitz, Franz & Co., München 25, Kistlerhofstr. 124

ANZEIGEN

KRONPRINZ

BELEUCHTUNGS-ARMATUREN

für Straßen-Überspannungen

neuzeitlich

wirtschaftlich

ab Lager lieferbar

Fordern Sie Prospekt und

Preisunterlagen

KRONPRINZ

Aktiengesellschaft

Solingen-Ohligs

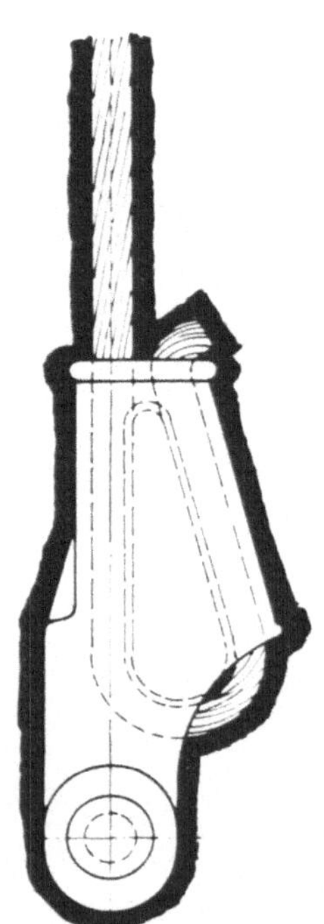

Einpoliger Trennschalter
mit Klemmsockel-Kontakten
MPD
MAX PURRMANN K.G.
SCHALTGERÄTEBAU
Düsseldorf-Holthausen · Bonner Straße 118

AEG-Netzberatung

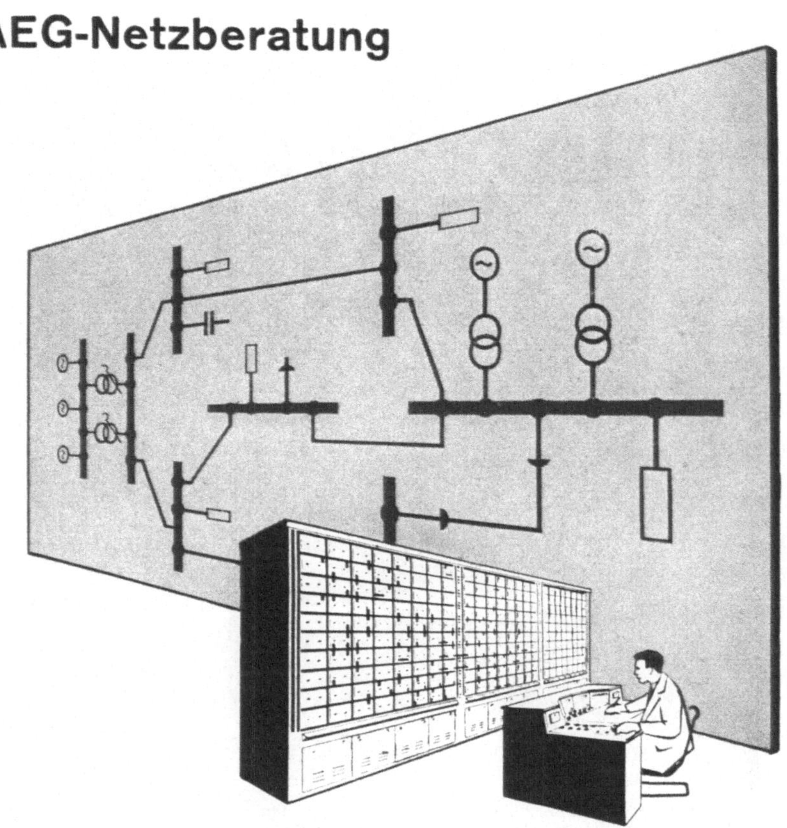

Beratung bei Netzplanung

ist ein Arbeitsgebiet, auf dem die AEG über weitreichende Erfahrungen verfügt.

Diese Erfahrungen stehen für alle Planungsaufgaben zur Verfügung.

Netzmodellmessungen und Berechnungen

mit elektronischen Rechenanlagen geben Einblick in das Verhalten der Netze bei allen Betriebsfällen.

AEG ALLGEMEINE ELEKTRICITÄTS-GESELLSCHAFT

8657

RUNDSTEUERUNG
Vielseitige Anwendung
ohne Steuerleitungen
Nachrichten-Übertragung
über das
Stromversorgungsnetz

PFN
PAUL FIRCHOW NACHFGR.
APPARATE- UND UHREN-FABRIK AKTIENGESELLSCHAFT
FRANKFURT/MAIN · BASELER STRASSE 27-31
IN 2907

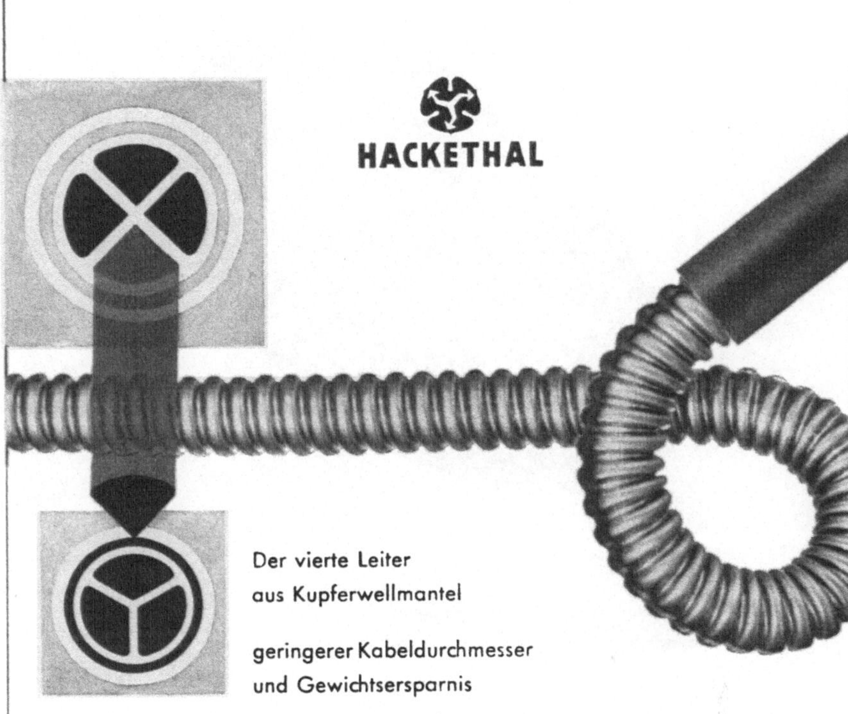

HACKETHAL

Der vierte Leiter
aus Kupferwellmantel

geringerer Kabeldurchmesser
und Gewichtsersparnis

KABEL mit KUPFERWELLMANTEL

korrosionsfest

extrem biegbar

querdruckfest

schnell montiert

sicher im Betrieb

Verlangen Sie bitte unsere Informationsschriften V 110

HACKETHAL-DRAHT- UND KABEL-WERKE AKTIENGESELLSCHAFT·HANNOVER

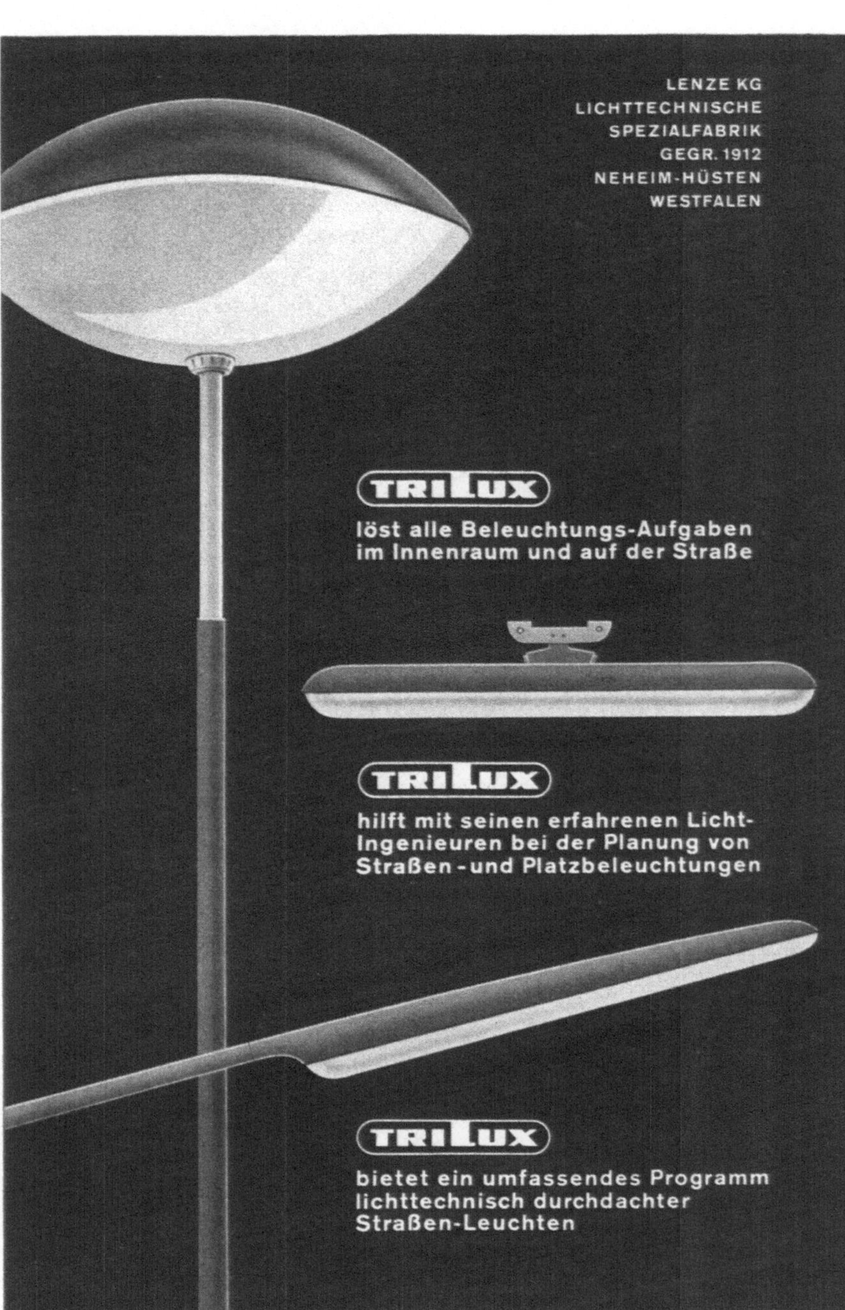

LENZE KG
LICHTTECHNISCHE
SPEZIALFABRIK
GEGR. 1912
NEHEIM-HÜSTEN
WESTFALEN

TRILUX
löst alle Beleuchtungs-Aufgaben
im Innenraum und auf der Straße

TRILUX
hilft mit seinen erfahrenen Licht-
Ingenieuren bei der Planung von
Straßen - und Platzbeleuchtungen

TRILUX
bietet ein umfassendes Programm
lichttechnisch durchdachter
Straßen-Leuchten

A. SCHIFFMANN

Spezialfabrik der Elektrotechnik

MÜNCHEN 8 · STREITFELDSTRASSE 15

FERNSCHREIBER 05 23316 · TELEFON 45 06 26

TELEGR.-ADRESSE ARCUSWERKE MÜNCHEN

Elektrizitätszähler

Von Dr.-Ing. Wilhelm Beetz, Nürnberg — Sammlung »Verfahrens- und Meßkunde der Naturwissenschaft« Heft 9. 3., verbesserte Auflage. DINA 5. VI, 73 Seiten mit 35 Abbildungen. 1958. Kartoniert. DM 8,80.

Inhaltsübersicht: Motorzähler. Zählwerk. Lagerung. Aufbau und Wirkungsweise. Elektrolytzähler. Quecksilberzähler. Wasserstoffzähler. Tarifgeräte. Mehrfachtarif. Subtraktions- und Spitzenzähler. Vergütungszähler. Licht-Kraftzähler. Aufzeichnung des Zählwerkstandes. Festmengentarifgerät. Schaltuhren. Münzzähler. Einfache Münzzähler. Münzzähler mit Gebühreneinzug. Kassierschalter. Zähler für besondere Verwendungszwecke. Zähler zur Ermittlung der Transformatorverluste. Zeitzähler. Batteriezähler. Zähler für Fahrzeuge. Zähler für Schiffsantriebe. Zähler für Umkehrantriebe. Summenzählung. Summenschaltung mit Meßwandlern. Summenzähler. Einstellung und Prüfung der Zähler. Im Laboratorium und Prüfraum. In der Anlage. Gesetzliche Vorschriften und Fehlergrenzen.

Meßwandler

Von Dr.-Ing. Wilhelm Beetz, Nürnberg — Sammlung »Verfahrens- und Meßkunde der Naturwissenschaft« Heft 10. 2., verbesserte Auflage. DIN A 5. VII, 56 Seiten mit 29 Abbildungen. 1958. Kartoniert. DM 7,80.

Inhaltsübersicht: Allgemeines — Spannungswandler. Theorie und Wirkungsweise. Isolation. Ausführungsformen. Spannungswandler mit mehreren Meßbereichen. Schutzeinrichtungen. Klemmenbezeichnungen und Schaltung — Stromwandler. Theorie und Wirkungsweise. Isolation. Kurzschlußfestigkeit. Verhalten bei Überlastung. Überstromziffer. Ausführungsformen. Mittel zur Verbesserung der Eigenschaften. Stromwandler mit mehreren Meßbereichen. Zwischen-Stromwandler. Schutzeinrichtungen. Klemmenbezeichnung und Schaltungen — Gleichstrom-Meßwandler. Mit umlaufendem Anker. Mit vormagnetisierten Eisenkernen. Mit Hallgeneratoren — Prüfung der Meßwandler für Wechselstrom. Prüfung der Isolation. Messung der Fehler. Messung der Überstromziffer — Schrifttum — Sachverzeichnis.

**FRIEDR. VIEWEG & SOHN
BRAUNSCHWEIG**

Grundlagen der Elektrotechnik

Von Johann Reth — *330 Seiten mit 354 Abbildungen. 1959. Halbleinen. DM 9,50.*

Aus dem Inhalt: Der elektrische Gleichstrom. Grundbegriffe. Wirkungen des elektrischen Stromes. Bestimmungsgrößen des elektrischen Stromes. Das Ohmsche Gesetz. Der Widerstand als Schaltelement. Elektrische Energie, Arbeit, Leistungsenergieformungen. Wechselwirkungen zwischen Magnetismus und elektrischen Strömen. Magnetismus. Elektromagnetismus. Elektrisches Feld. Ruhende elektrische Ladungen. Meßgrößen des elektrischen Feldes. Wechselstrom und Mehrphasenstrom. Elektrische Maschinen. Gleichstrommaschinen. Wechsel- und Drehstrommaschinen. Transformatoren. Umformer. Stromrichter. Elektrische Meßgeräte. Allgemeines. Meßmethoden. Anhang. Verzeichnis der Tafeln.

Elektromaschinen-Praktikum

Von Prof. Dr. Franz Unger, Braunschweig — *3., umgearbeitete und erweiterte Auflage. DIN A 5. VIII. 135 Seiten mit 125 Abbildungen. 1958. Halbleinen. DM 16,80.*

Aus dem Inhalt: VDE-Schaltungsnormen. Meßgeräte und Meßverfahren. Die wichtigsten Eigenschaften der elektrischen Maschinen, Elektromagnete und Transformatoren. Elementare Untersuchungen. Maschinenuntersuchungen für Fortgeschrittene. Prüfen elektrischer Maschinen und Transformatoren. Namen- und Sachverzeichnis.

Mechanik und Festigkeitslehre

Von A. Jönck. 7., neugestaltete Auflage von A. Böge, unter Mitarbeit von W. Schlemmer und W. Weißbach. DIN A 5. 343 Seiten mit 350 Abb , 30 Lehrbeispielen und 9 Tafeln. 1959. Halbleinen. DM 15,80.

Aus dem Inhalt: Statik in der Ebene: Grundlagen. Die statischen Grundaufgaben beim zentralen Kräftesystem und allgemeinen Kräftesystem. Statik der Fachwerke. Schwerpunktslehre: Grundlagen. Flächenschwerpunkt. Linienschwerpunkt. Guldinsche Regel. Gleichgewichtslagen, Standsicherheit. Reibung: Allgemeines. Gleit- und Haftreibung. Tragzapfenreibung. Rollende Reibung. Seilreibung. Reibung in den wichtigsten Getrieben. Dynamik: Bewegungslehre. Arbeit, Leistung, Wirkungsgrad. Dynamisches Grundgesetz. Energie. Impuls. Prinzip von d'Alembert. Fliehkraft. Drehwucht, Schwungmoment. Drehimpuls. Festigkeitslehre: Grundlagen. Beanspruchung auf Zug, Druck, Flächenpressung, Abscheren, Verdrehung, Biegung und Knickung. Trägheitsmomente und Widerstandsmomente. Zusammengesetzte Beanspruchung. Festigkeit und zulässige Spannung. Rechentafeln. Lehrbeispiele. Aufgabensammlung.

FRIEDR. VIEWEG & SOHN
BRAUNSCHWEIG